坚持，总能遇见更好的自己

高轶飞 编著

中国华侨出版社

图书在版编目（CIP）数据

　　坚持，总能遇见更好的自己 / 高轶飞编著. —北京：中国华侨出版社，2015.8

　　ISBN 978-7-5113-5641-3

　　Ⅰ. ①坚…　Ⅱ. ①高…　Ⅲ. ①成功心理－通俗读物　Ⅳ. ①B848.4-49

中国版本图书馆CIP数据核字（2015）第208419号

● 坚持，总能遇见更好的自己

编　　著/高轶飞
责任编辑/月　阳
封面设计/纸衣裳書裝·孙希前
经　　销/新华书店
开　　本/710毫米×1000毫米　1/16　印张/16　字数/190千字
印　　刷/北京一鑫印务有限责任公司
版　　次/2016年2月第1版　2019年8月第2次印刷
书　　号/ISBN 978-7-5113-5641-3
定　　价/32.00元

中国华侨出版社　北京朝阳区静安里26号通成达厦3层　邮编100028
法律顾问：陈鹰律师事务所
编辑部：（010）64443056　64443979
发行部：（010）64443051　传真：64439708
网　　址：www.oveaschin.com
e-mail：oveaschin@sina.com

前言
Preface

这一生，我们赤裸裸地来了，不是我们的选择，我们也无从选择，生与死，皆如此。上帝把这个权利留给了他自己。我们唯一能做的，就是选择怎样活着。

怎样活着才好？这个故事要怎么写，才算不辜负此生？问一千个人，或许会得到一千个答案。其实何须如此繁琐，该来的终究要来，该去的始终无法挽留，如果能够珍惜活着的时间，用有限的生命去创造无限的价值，对于我们的生命而言，就是一种极大的奖励。

俞敏洪说得好，"人活着，可以有两种活法：一种像草，尽管活着，尽管每年还在成长，但毕竟就是棵草，吸收了阳光雨露，却一直长不大。谁都可以踩你，但他们不会因为你的痛苦而产生痛苦；他们不会因为你被踩了而怜悯你，因为人们本身就没有看到你。另一种活法像树，即便我们现在什么都不是，但只要你有树的种子，即使你被踩到泥土中，你依然能够吸收泥土的养分，自己成长起来。当你长成参天大树以后，遥远的地方，人们就能看到你；

走近你，你能给人一片绿色。活着是美丽的风景，死了依然是栋梁之材，活着死了都有用。"这，才是我们做人和成长的标准。

　　我们必须去努力，我们的人生应该像河流一样，虽然生命曲线各不相同，但每一条河流都有自己的梦想——那就是奔腾入海。怕就怕你不做河流，反而去做那泥沙，让自己慢慢地沉淀下去。是的，沉淀下去，或许你就不用再为前进而花费力气，但是从此以后你却再也不见天日。

　　生命就在于努力与坚持。在努力与坚持中反复磨炼，才能练就个性和坚毅，练就才干和眼光。努力与坚持，是一种主动的创造行为，是成功者身上特有的一种素质。若能一往无前地努力与坚持，我们总能遇见更好的自己。

目 录
Contents

第一章　你可以停下来，世界却不会为你停下来

　　生活的状态取决于你对生活的态度。有些人心里想的就只是安安分分，不求有功但求无过，他们害怕挑战，对压力恐惧；有些人则在生活中不断求变，燃烧自己的热情去挑战，体验生命的温度与厚度。结果，前者力求安稳，状况却越来越不安稳；后者虽不安稳，却在不断进步，并且最终得到了不可动摇的安稳。

1. 安于现状，迟早被淘汰 / 2
2. 可怜可叹"橡皮人" / 5
3. 命运是自己创造的 / 8
4. 胆小怕事：给你机会你不把握 / 12
5. 生活的好坏或许就差那一拼 / 17
6. 不能自我挑战，犹如作茧自缚 / 21
7. 不是生活对你不公，是你对自己太放松 / 24
8. 没有伞的孩子，更要努力奔跑 / 27

第二章　朝着梦想努力奔跑

眼睛所到之处，是成功到达的地方，唯有伟大的人才能成就伟大的事，他们之所以伟大，是因为他们决心要做出伟大的事。可以说，一个人的发展在某种程度上取决于对自我的评价，这种评价就是定位。在心中你给自己定位成什么，你就是什么。所以，别怕别人看不起你，除非你自己看不起自己。

1. 心大一点，人生才更宽广 / 30
2. 不甘居人后，才能走到人前 / 33
3. 别与平庸同流合污 / 37
4. 时刻想着成为竞争中的强者 / 40
5. 给自己找个榜样，把自己想象成那个人 / 42
6. 不是有了大目标，就不需要做小事情 / 46
7. 一定要坚持努力下去 / 49

第三章　行动不一定带来快乐，但没有行动则肯定没有快乐

不要空想未来，不管它是多么令人神往，不要怀恋过去，要把逝去的岁月埋葬。失败者最可悲的一句话就是：我当时真应该那么做，但我没有那么做。这不是一个空想家的

| 目录 Contents |

时代，如果你对现状不满，只有去改变自己，积极地去融入人群当中，去经历，去实践，去折腾，去潜移默化地提升。尽管不知道未来是什么样子，但只要你肯行动，总会有所收获。

1. 说一千不如做一件 / 54
2. 功成名就是一连串的行动 / 57
3. 人生只有走出来的美丽，没有等出来的辉煌 / 61
4. 别让生活中的困难阻挡你前进的脚步 / 65
5. "勤"字成大事，"惰"字误人生 / 67
6. 与其进退两难，不如放手一搏 / 70
7. 做事就要做到最好 / 72

第四章　发现自己，相信自己

你想要过上更好的生活，你就要相信你行，你相信你行，你才能行。自信是所有成功者都具备的特质。有时候自信甚至是没有道理的，一些人执着于梦想而且非常勤奋和努力，明明成功的概率非常小，但是，因为有自信做支撑，结果成功了。

1. 自卑是条啮噬心灵的毒蛇 / 76
2. 上帝创造了平凡的你，但你能创造全新的自己 / 80
3. 别怕被看低，更别把自己看低 / 82

3

4. 用欣赏的眼光看自己 / 84

5. 只要坚持梦想,就不会迷失方向 / 87

6. 发现自己,成就自己 / 90

7. 奇迹来自你自己 / 92

8. 你要做的就是比想的更疯狂 / 95

第五章　抓住机遇,把它变成美好的未来

如果你安之若素,就算机会出现在你身边,你也会视而不见。去努力,才能发现机会,才有机会,经奋斗才能成长,善努力才会成功。成功属于那些有目标、有准备、有胆识、敢拼搏的人。

1. 谁肯多付出,谁就能在竞争中更胜一筹 / 100

2. 学会向上营销 / 102

3. 多做一点,机会就多一点 / 105

4. 信息时代,信息就是机遇 / 108

5. 风险越大,越有勇气 / 110

6. 机会面前,出手要快 / 115

7. 随机应变,见机行事 / 118

| 目录 Contents |

第六章　越做事，脑子才越开窍

　　脑子越用越活，思想懒惰了，就会反应迟钝。越做事，你的视野就会越宽阔；越做事，你的嗅觉就会越敏锐；越做事越开窍，越开窍越明白。当你在做事的过程中颠覆了现在的思维方法，用一种成功人士的心态去思考、去追求你想要的一切时，你就会觉得什么事情都没有难度了。

1. 想成功，就要有创造力 / 122
2. 创造的关键是不能盲从 / 126
3. 发挥你的想象力去创造生活吧 / 129
4. 具有独特的视角，才能拥有独特的人生 / 133
5. 脑子要活，眼光要准 / 136
6. 别让大脑走弯路 / 141
7. 打蛇就打七寸处 / 145
8. 暂时的放弃只是为了更好的开始 / 147

第七章　把24小时"变成"48小时

　　时间有限，不只是由于人生短促，更由于人事纷繁。我们应该力求把我们所有的时间用去做最有益的事情。成功女神是很挑剔的，她只让那些能把24小时变成48小时的人接近她。如果你勤勉，她会给你带来智慧和力量；如果你懒散，她只会给你留下一片悔恨。

1. 及时当勉励，岁月不待人 / 152
2. 快人一步，领先一路 / 155
3. 犹豫浪费生命，拖延等于死亡 / 158
4. 迅速作出你的决定 / 161
5. 向效率要时间 / 164
6. 高效比苦干更重要 / 167
7. 分清轻重缓急，拣重要的事先做 / 170
8. 把零星时间利用起来 / 172

第八章　细节决定成败

很多人做事情不拘小节，"差不多"成了他们的口头禅，他们不喜欢处理细枝末节的事情，他们总想做宏观方面的大事情。实际上，真正的成功是靠点点滴滴积累而成的。只有处理好每一个细节，才能让事情按照计划进行。"千里之堤，溃于蚁穴"，一个小小的失误，就有可能导致整体的失败。

1. 心思细密才能成事 / 176
2. 成功或许就在细节处 / 179
3. 细节之中隐藏着机遇 / 181

4. 正确的决策源自对细节的追求 / 184

5. 厘清细节才能事半功倍 / 186

6. 重视细节让工作更出色 / 189

第九章　有实力才能经得起考验

　　所谓实力，除了天赋以外，剩下的往往是一种习惯，如亚里士多德所说，"优秀是一种习惯"。实力的高低是事业成功的最基本保证，你的未来能走多远，你能够折腾到什么程度，也大抵取决于此。实力需要不断去培养，半分松懈不得，因为它是一种不折不扣的资源，是资本，是财富，更是无价之宝。

1. 做大事需要一种"空杯心态" / 192

2. 不懂装懂就是自欺欺人 / 194

3. 肯张嘴去问，你才能收获更多 / 197

4. 你需要发现并弥补自己的不足 / 200

5. 只有不断学习，才能够免于淘汰 / 203

6. 用学习来拓宽自己的知识面 / 206

7. 经营好"一技之长" / 209

8. 默默地储备，就可能一鸣惊人 / 213

9. 用你的所学去盘活人生 / 215

第十章　既然要成功，就不能怕失败

　　人的成长和成功，就像是炼钢。"炼"是一个过程，必须经历，能不能熬得住这种"炼"，直接决定你能不能成为"钢"。请记住，"自古雄才多磨难，从来纨绔少伟男"，一个人如果不经历必要的磨难，就会显得很脆弱，成功者站起来的次数永远比跌倒的次数多一次。成功有两个原则，第一个是：永不放弃；第二个是当你想放弃时回头看第一个。

1. 失败是走上更高地位的开始 / 220
2. 痛苦的时候，正是成长的时候 / 223
3. 如果要挖井，就一定要挖到水出为止 / 225
4. 坚韧不拔是成功者的特质 / 228
5. 永不言败才能不败 / 231
6. 跌倒了就爬起来 / 233
7. 有一线希望也要奋力一跃 / 236
8. 世间最难的事是坚持 / 238
9. 生命不止，奋斗不息 / 241

第一章
你可以停下来，世界却不会为你停下来

生活的状态取决于你对生活的态度。有些人心里想的就只是安安分分，不求有功但求无过，他们害怕挑战，对压力恐惧；有些人则在生活中不断求变，燃烧自己的热情去挑战，体验生命的温度与厚度。结果，前者力求安稳，状况却越来越不安稳，后者虽不安稳，却在不断进步，并且最终得到了不可动摇的安稳。

1. 安于现状，迟早被淘汰

　　21世纪，没有危机感就是最大的危机。你想一成不变，可这个世界一直在变，并且它不会因为你的停顿而停滞向前。大形势要求我们必须做出改变：要么在折腾中爆发，要么在沉默中死亡。

　　看看那些身经百战的企业家是怎么说的：

　　微软的比尔·盖茨说："微软离破产永远只有18个月。"

　　海尔的张瑞敏总是感觉："每天的心情都是如履薄冰，如临深渊。"

　　联想的柳传志一直认为："你一打盹，对手的机会就来了。"

　　百度的李彦宏一再强调："别看我们现在是第一，如果你30天停止工作，这个公司就完了。"

　　别以为那都是企业家们的事情，事实上你的生活一样危险。在这个不断更新的社会中，一个人的成长过程就像是学滑雪一样，稍不留心就会摔进万丈深渊，只有忧虑者才能幸存。

　　赵云亭曾在一家企业担任行政总监，而如今只是一名待业者。在他成为公司的行政总监之前，他非常能折腾自己，卖命地工作，并且不断地学习和提升自己。他在行政管理上的才华很快得到了老板的肯定，工作3年之后他被提拔为行政主管，5年之后他就升到了行政总监的位置上，成了全公司最年轻的高层管理人员。

然而升官以后，拿着高薪，开着公司配备的专车，住着公司购买的华宅，在生活品质得到极大提升的同时，他的工作热情却一落千丈。他开始经常迟到，只为睡到自然醒；他也开始经常请假，只为给自己放个假；他把所有的工作都推给助手去做。当朋友们劝他应该好好工作的时候，他却说："不需要那么折腾了，坐到这个位置已经是我的极限了，我又不可能当上老总，何必把自己折腾得那么辛苦？"

这时的他俨然把更多精力放在了享乐上。就这样，他在行政总监的位置上坐了差不多两年的时间，却没有一点拿得出手的成绩，又有朋友提醒他："应该上进一点了，没有业绩是很危险的。"

没想到，他却不以为然："我是公司的功臣，公司离不了我，老板不会卸磨杀驴！"

的确，公司很多工作确实离不开他。然而，他的消极怠工最终还是让老板动了换人的念头。终于有一天，当他开着车像往日一样来到公司，优越感十足地迈着方步踱进办公室时，他看到了一份辞退通知书。赵云亭就这样被自己的不思进取淘汰掉了。

被辞退了，高薪没了，车子退了，华宅也收回了，这时的他不得不去租一间小得可怜、上厕所都不方便的单间。

很多人都像上面这位老兄一样，自以为不可替代，其实，这个时代缺少很多东西，但独独不缺的就是人，所以，真的别顺从自己的那根懒筋。

人常说"知足是福",的确,知足的人生会让我们体会到什么是美好,会让我们知道什么东西才值得去珍惜;但不满足也会告诉我们,其实我们还可以做得更好,我们还可以更进一步。所以,人生要学会知足,但不要轻易满足。在现代社会,竞争的激烈程度不言而喻,无论从事哪种职业,都需要一定的危机感。从某种程度上说,危机感也是一把双刃剑,有时人的危机感过于膨胀,的确会让人心力交瘁,甚至在压力下走向崩溃。可是,如果我们假设一下没有危机感的情形,就会发现,假如危机感消失,那么大到国家小到个体,就都会进入一种自满无知的状态。这种满足感就像酒精一样,麻木了他们的感官,模糊了他们的视线,使他们无法看到大局、长远目标,以及自身所面临的危机。

就像我们前面提到的赵云亭,无论他曾经多么出色,无论他曾为公司做出过多少贡献,从他自我满足、放弃努力的那一刻开始,他的一切就将变得消极被动。这时的他是一种"当一天和尚撞一天钟"的心态,他把自己所做的每一件事只是当作任务来完成而已,不再思考如何做得更好;这时的他也最容易忽视竞争的存在,自以为已经在竞争中遥遥领先,那么就会像和乌龟赛跑的兔子一样,把自己的优点经营成一种笑话。相反,即使一个人能力并不出众,智慧也不超常,但只要他不安于现状,他愿意不停地折腾自己,力求把每一件事都做到最好,他依然能够获得成功。

所以说,人不能一直停留在舒适而具有危险性的现状之中,要适度地折腾折腾自己,使自己保持进取的斗志,保持人生开放的胆量。

记住,当你停下前进的脚步时,整个世界并没有和你一起停下,你周围的人仍在不停地前进着。

2. 可怜可叹"橡皮人"

"折腾了这些年，我已经很累了，不如当一天和尚撞一天钟吧。"

"上班这一天其实很短暂，电脑一开一关，一天过去了；电脑一关不开，合同到期了。"

——以上这些话正高频率地出现在一个群体中。

曾一心想着做女金领、在公司内有"拼命三娘"之称的何蕊直到30岁才要孩子。怀孕期间她仍然坚持工作，甚至生孩子的当天还在公司忙活。然而，休完产假以后，她却变了一个人：每天来得最晚，走得最早，谈论的话题始终围绕着孩子。"到了我这个年龄，精力已经大不如前，工作和孩子只能顾一头，养育孩子对我来说是重中之重。所以，我现在的任务就是把孩子培养好，什么事业工作啊力不从心啦，得过且过吧。"

这样的人其实越来越多⋯⋯

很多人，往往是随着成长而丧失勇气，因为一旦上了年纪便开始瞻前顾后，考虑得越多，胆子就变得越小，于是学会了假装没看见、装作没听到，于是有些事情能过得去就不去争取，有些事情即便不愿意也会说可以，有些事情即便能够也不尽全力，虽然我们把这称之为成熟，甚至认为这就是成熟的代价，但在不经意间，我们竟变得越来越麻木，当我们察觉之时，心灵似乎已经停止了成长。

于是我们从此激情不再，没有神经，没有痛感，没有效率，没有反应。整个人就犹如"橡皮"一样，不接受任何新生事物和意见，对批评或表扬无所谓，没有耻辱感，也没有荣誉感。不论别人怎样拉扯，我们都可以逆来顺受，虽然活着，但活得没有一点脾气。

如果没有外力的挤压，我们就会懒懒地堆在那里，丝毫不肯折腾自己，一定要有人用力地拉着、扯着、管着、监督着，我们才能表现出那么一点张力，而一旦刺激消失，我们瞬间便又恢复了原样。

我们往往都是活在自己的世界里，绝缘、防水、不过电，浮不起，麻木、冷漠故没有快乐，耗尽心力却不见成绩，人生，不但疲惫，更显悲催。

这就是"橡皮人"，无处不在！

"橡皮人"曾经也是激情四溢！只是梦破、梦醒或梦圆了，回到现实，所以无梦；只是活得单调、乏味、自我，日复一日，所以无趣；又或伤痛太多、太重、太深，无以复加，反而无痛；也可能是生活艰难、困顿、委屈，心生怨愤，不再期冀；抑或是惨遭打压、排挤、欺诈，心有余悸，故而萎靡，总之，那些社会的、个人的、主观的、客观的因素纠结在一起，共同制造了"橡皮人"。

在这个社会上，他们俨然已经沦为"打酱油"的局外人，无梦、无痛、更无趣；职业枯竭、才智枯竭、动力枯竭、价值枯竭，最终情感也枯竭。

其实我们身边就不缺这样的例子，或许你本身业已染上了这种怪病。以女性为例，当下，很多女性都在呐喊着要嫁有钱人，她们为何会觉得金钱第一？这本身就是一种"橡皮人"病症。

或许曾经的她们，大学毕业以后也是美貌如花，她们找了一份不错的工作，很投入，也有了一些成绩。但两三年之后，升职的却是刚来公司不久的新人，据说那人与老板的关系非比寻常，于是她们忍不住感叹："能力终究败给了潜规则！"这时她们又发现，当年那些成绩不如自己的同学，有的风光升职，有的体面嫁人，于是便越发感觉自己内心中的清高和坚持一文不值，如果这时再有一个"钻石王老五"向她示爱，只要这个男人没有被毁过容，那么她们多半是会接受的。然后她们还要为自己辩解：这个时代，生活是荒谬的，做梦是奢侈的，激情是短暂的，麻木是必然的。虽然这更像是此地无银的遮羞，但从字里行间我们也不难看出个中的无奈与不甘，她们也试图让自己重新产生一点梦想、感觉、激情，但在大多数时候，却无能为力……

那么，"橡皮人"如何才能从病恙中解脱出来？我们还是要自救！我们还是要折腾自己！

诚然，这个时代，人际关系的疏离等的确让我们感到无可奈何，这是一个社会化的问题，对于大环境我们无能为力，但这并不意味着我们就只能变得更加无为和消极。

给大家提三点建议：

（1）重新设定你的人生目标，学会调整心态，以现在为起点，向着心中的目标走过去；

（2）重新认识你自己，积极把握机会，去挖掘自己的优势和潜力；

（3）认清现状后，尝试改变和创新，寻找新的方向和位置。

其实人的生命是这样的——你将它闲置，它就会越发懒散，巴不得永远安息才好；你使劲折腾它，它就不会消极怠工，即使你将它调动至极限，它亦不会拒绝；尤其是在你将人生目标放在它面前时，不必你去提醒，它便会极力地去表现自己。所以，如果你还想活得有活力、活得滋润一些，那么无论如何请记住，永远别让心中的美梦间断，要将自己的生命力激发到极限，而不是刚刚成年，便已饱经沧桑。

3. 命运是自己创造的

每个人的人生都不一样，有的人认了命，甘愿平凡地过一辈子；有的人则不甘心，几番折腾以后真的成功了，站到了更大的舞台之上。只不过，人们很少看到他们成功背后的几度挣扎，眼中只有他们此时的辉煌与光环，其中的滋味只有他们自己知道。

不过这个世界上，往往"信命"的人居多，这些人习惯把一些看似无力改变的现状称为"宿命"，这就是"宿命论者"。但是真的有"宿命"这一说吗？如果当年的黑人迈克尔·杰克逊认定自己不能改变命运，早早地就放弃，日后还会成为天皇巨星吗？说得难听点，所谓的"宿命论者"，其实就是一群只知道听天由命的家伙。

事实上，生活给了每一个人选择的权利和做事机会，只不过由于先天因素和环境因素，每个人的机会多少有所不同，从这个角度上说，世界是有它不公平的一面。但如果你因为世界的不公平，索性连自己选择的权利和做事的机会都放弃了，那就是你自己的问题了，不能再去抱怨命运。

举一个例子，有些人由于遗传因素，先天较正常人罹患某种疾病的概率就要大很多，但这并不意味着他一定就会患病，如果他能更加珍惜自己的身体，安排好自己的饮食和锻炼，在生活上作正确的选择，他很可能比那些正常人活得更加长寿。但是，如果他因为这个先天因素而自暴自弃，那么他患病的概率一定会倍增。

所以说，不是命要你怎样，而是你要怎样，这是一个态度问题，关键不是信不信，而是你想不想努力改进自己的生活。

如果你真的想改变贫穷的命运，那么就大胆去折腾，你不去折腾，永远不知道自己有多少潜力，只有做了，你才晓得行动对你意味着什么。畏首畏尾的人永远得不到机遇的青睐，不敢正视命运的人永远无法完成对命运的逆袭，就算所有人用难看的白眼翻着你，就算他们用恶毒的语言嘲笑你，就算整个世界都在鄙视你，但假如你能因此激发出志气，积极地去迎接，大胆地去折腾，全身心地去开拓、去美化自己的人生，你就很可能将那些轻视的眼光转化成献媚的仰视，但如果你连折腾的勇气都没有，你就会错过很多上天原本想要赐予你的东西。

有一个故事会给我们很多的感触和启发，大家一起去看一下：

故事里的主人公是一家穷人，他们在经过了几年的省吃俭用之后，积攒够了购买去往澳大利亚的下等舱船票的钱，他们打算到富足的澳大利亚去谋求发财的机会！

为了节省开支，妻子在上船之前准备了许多干粮，因为船要在海上航行十几天才能到达目的地。孩子们看到船上豪华餐厅的美食都忍不住向父母哀求，希望能够吃上一点，哪怕是残羹冷饭也行。

可是父母不希望被那些用餐的人看不起，就守住自己所在的下等舱门口，不让孩子们出去。于是，孩子们就只能和父母一样在整个旅途中都吃自己带的干粮。

其实父母和孩子一样渴望吃到美食，不过他们一想到自己空空的口袋就打消了这个念头。

旅途还有两天就要结束了，可是这家人带的干粮已经吃光了。实在被逼无奈，父亲只好去求服务员赏给他们一家人一些剩饭。听到父亲的哀求，服务员吃惊地说："你们为什么不到餐厅去用餐呢？"父亲回答说："我们根本没有钱。"

"可是只要是船上客人，都可以免费享用餐厅的所有食物呀！"听了服务员的回答，父亲大吃一惊，几乎要跳起来了。

如果说，他们肯在上船时问一问，也就不必一路上如此狼狈了。那么为何他们不去问问船上的就餐情况呢？显而易见，他们没有勇气，因为他们的脑子早就为自己设了一个限——我们很穷，没钱去豪华餐厅享用美食，于是他们错过了本应属于自己的待遇。

事实上，在生活中，我们因为没有勇气尝试而错失良机的事情又何止这些？！也许就算你尝试了，也不一定就绝对成功，但你连尝试的勇气都没有，那你就只能一如既往地落魄和平庸。

今天的你可能很倒霉，你抱怨上天不给你成功的机会，感慨命运一直在捉弄你，其实机会可能就在你身边，只是因为你为自己设了限，你觉得这都是命，于是你把机会自行放弃了，而机会一旦溜走，就很难再重新拥有。这也是很多人无法逆袭成功的一大原因。

这世间的很多东西，尤其是财富，都只会往敢折腾的人的口袋里钻，一个人如果脑袋空空，那么必然也会口袋空空。成功者与平庸者最大的差别其实就是脖子以上的部分。如果说一个人立意坚定，要永远地摆脱贫困，要从各个方面拭去贫困的痕迹，要一往无前地去争取"富裕"与"成功"，那么财富都不好意思不去找他；如果一个人安于命运，视平庸为生命常态，没有挣脱平庸的欲望，那么他身体中原本所潜伏的能量也会失去效能，他的一生将永远无法告别平庸。

其实平庸本身并不可怕，可怕的是平庸的思想，以及认为自己注定平庸，必将死于贫贱的错误观念。这着实是我们人生中最大的谬误。所以，不要一面埋怨自己倒霉，一面却安于现状，你必须时时告诉自己："我想成功！我要成功！"同时身体力行，朝着现实可行的目标努力，唯有如此，我们才能真正摆脱命运的束缚。

所以记住了，每个人成功的机会都是相等的，只不过那些有想法、具备胆识、勇于折腾的人比平常人更容易抓住罢了。你或许有过梦想，甚至有过机遇，有过行动，但你为什么还没能成功？因为你没勇气像人家那样生命不止折腾不息！

4. 胆小怕事：给你机会你不把握

在这个世界上，有人会待在洞穴里，把未知的明天当作威胁，有人会攀到树梢上，把可能的威胁视为机遇；有人在给自己灌输胆怯，因为他不知道自己需要见证卓越，有人会给困难回以不屑，因为他知道自己正活出真切。一个人，只有摆脱洞穴里的懦弱的影子，扯断枷锁捆绑的懦弱，最终才能够赢得这个世界。

其实，每个人都有一个好运降临的时候不能领受，但他若不及时注意或竟顽固地抛开机遇，那就并非机缘或命运在捉弄他，这要归咎于他自己的疏懒和荒唐，这样的人最应抱怨的其实是自己。机遇对于每个人来说都是平等的，问题是，它来了，你又在做什么、想什么？你是不是只看到了其中的危机，然后畏首畏尾无所作为呢？危机，对于胆大的人来说，是避开危险后的财富机会，而对胆小的人来说，则眼睛只会看到危险，白白浪费和错过机遇。这个社会虽然很复杂，但机会对每一个普通百姓来说其实是平等的。

我们来看看下面这个故事，想想你是不是也曾因此抱憾终身？

有一个人，在某天晚上碰到了上帝。上帝告诉他，有大事要发生在他身上了，他有机会得到很多的财富，他将成为一个了不起的大人物，并在社会上获得卓越的地位，而且会娶到一个漂亮的妻子。

这个人终其一生都在等待这个承诺的实现，可是到头来什么事也没发生。

这个人穷困潦倒地度过了他的一生，最后孤独地死去。

当他上了天堂，他又看到了上帝，他很气愤地对上帝说："你说过要给我财富、很高的社会地位和漂亮的妻子的，可我等了一辈子，却什么也没有，你在故意欺骗我！"

上帝回答他："我没说过那种话，我只承诺过要给你机会得到财富、一个受人尊敬的社会地位和一个漂亮的妻子，可是你却让这些机会从你身边溜走了。"

这个人迷惑了，他说："我不明白你的意思？"

上帝回答道："你是否记得，你曾经有一次想到了一个很好的点子，可是你没有行动，因为你怕失败而不敢去尝试？"

这个人点点头。

上帝继续说："因为你没有去行动，这个点子几年后给了另外一个人，那个人一点也不害怕地去做了，你可能记得那个人，他就是后来变成全国最有钱的那个人。还有，一次城里发生了大地震，城里大半的房子都毁了，好几千人被困在倒塌的房子里，你有机会去帮忙拯救那些存活的人，可是你害怕小偷会趁你不在家的时候，到你家里去打劫、偷东西？"

这个人不好意思地点点头。

上帝说："那是你去拯救几百个人的好机会，而那个机会可以使你在全国得到莫大的尊敬和荣耀啊！"

上帝继续说："有一次你遇到一个金发蓝眼的漂亮女子，当时你就被她强烈地吸引了，你从来不曾这么喜欢过一个女人，之后也没有再碰到过像她这么好的女人了。可是你想她不可能会喜欢你，更不可能会答应跟你结婚，因为害怕被拒绝，你眼睁睁地看着她从身旁溜走了。"

这个人又点点头，可是这次他流下了眼泪。

上帝最后说："我的朋友啊！就是她！她本来应是你的妻子，你们会有好几个漂亮的小孩；而且跟她在一起，你的人生将会有许许多多的乐趣。"

这个人无言以对，懊恼不已。

我们身边每天都会围绕着很多的机会，包括爱的机会。可是我们经常像故事里的那个人一样，总是因为害怕而停下了脚步，结果机会就这样偷偷地溜走了。那么现在想一想，细数一下，你都因为胆小失去了什么？此刻，在你的生命里，你想做什么事，却没有采取行动；你有个目标，却没有着手开始；你想对某人表白，却没有开口；你想承担某些风险，却没有去冒险……这些，恐怕多得连你自己都数不清吧？也许一直以来你都在渴望做这些事，却一直耽搁下来，是什么因素阻止了你？是你的恐惧！恐惧不只是拉住你，还会偷走你的热情、自由和生命力。是的，你被恐惧控制了决定和行为，它在消耗你的精力、热忱和激情，你被套上了生活中最大的枷锁，就是活在长期的恐惧里——害怕失败、改变、犯错、冒险，以及遭到拒绝。这种心理状态，最终会使你远离快乐，丢失梦想，丧失自由。

如今，从市值上看，苹果电脑公司已经成为超级企业。一直以来，大家都只知道已故的乔布斯先生是苹果公司的创始人，其实在30多年前，他是与两位朋友一起创业的，其中一名叫惠恩的搭档，被美国人称为"最没眼光的合伙人"。

惠恩和乔布斯是街坊，两个人从小都爱玩电脑。后来，他们与另一个朋友合作，制造微型电脑出售。这是又赚钱又好玩的生意。所以三个人十分投入，并且成功地制造出了"苹果一号"电脑。在筹备过程中，他们用了很多钱。这三位青年来自中下阶层家庭，根本没有什么资本可言，于是大家四处借贷，请求朋友帮忙。三个人中，惠恩最为吝啬，只筹得了相当于三个人总筹款的十分之一。不过，乔布斯并没有说什么，仍成立了苹果电脑公司，惠恩也成为了小股东，拥有了苹果公司1/10的股份。

"苹果一号"首次出台大受市场欢迎，共销售了近10万美元，扣除成本及欠债，他们赚了4.8万美元。在分利时，虽然按理惠恩只能分得4800美元，但在当时这已经是一笔丰厚的回报了。不过，惠恩并没有收取这笔红利，只是象征性地拿了500美元作为工资，甚至连那1/10的股份也不要了，便急于退出苹果公司。

当然，惠恩不会想到苹果电脑后来会发展成为超级企业。否则，即使惠恩当年什么也不做，继续持有那1/10的股份，到现在他的身价也足以达到10亿美元了。

那么，当年惠恩为什么会愿意放弃这一切呢？原来，他很担心乔布斯，因为对方太有野心，他怕乔布斯太急功近利，会使公司负上巨额债务，从而连累了自己。

惠恩在放弃与乔布斯一起折腾的同时，也就宣告与成功及财富擦肩而过了。可以说，这件事给一些人深深上了一课，它在毫不掩饰地嘲笑那些没有胆量的人：只有那些敢于承担风险去折腾的人，才能比别人获得更多的额外机会！

勇气和机会之间的关系是显而易见的，因为风险和收益往往是同时存在的。不管做什么，风险都是客观存在的，追求成功本身就是一种需要面对风险、征服风险的过程，而且在一般情况下，风险越大，回报也就越大。敢想敢干，敢于折腾，这是成功必备的魄力！我们也想成功，也能敏锐地发现成功的机会，但就是不敢折腾，害怕失败，不能果断地抓住机遇，结果一个个成功的机会从我们身边溜走。

5. 生活的好坏或许就差那一拼

常听到有人这样抱怨:"你说隔壁吴老二凭什么就比我过得好呢?论学历,我大本他大专;论个头,我一米七五他一米五七;论长相我哈尔滨吴彦祖,他哈尔滨'无颜祖'。可他就是比我有钱——住着别墅、开着豪车、载着娇妻、喝着茅台、吃着海鲜、穿着阿玛尼。再看看我,五十平的小房、半老的徐娘论长相,浑身上下的'的确良',真应了那句老话'人比人,气死人'呀!"

是啊,这是为什么呢?翻翻过去,看看现在,答案昭然若揭——原来那些成功者比寻常人更喜欢折腾,更敢于折腾,他们总是能够在一次次的折腾中发迹起来,尽管也有灰头土脸的时候,但终究笑到了最后。乔布斯折腾苹果,折腾成了一个商业巨头;李嘉诚折腾塑料花,折腾成了亚洲首富。而与他们年纪相仿的一些人,像我们前文提到的惠恩,因为不敢折腾,就只能待在原地,事业止步不前。所以说,人不能太贪图安逸,只有折腾起来,财富才会青睐于你。

高欣出生于东北一普通工人家庭。高考落榜,就进了一所职业高中读酒店管理专业，可眼看即将毕业，又因打架被学校开除。高欣的母亲非常失望，当面追问他："明年的今天你干什么？"

高欣离开学校以后，开始闯荡社会。卖过菜、烤过羊肉串……他慢慢明白了生活的艰辛。后来，一家饭店公开招人，高欣应聘做了行李员，这是东北最好的五星级酒店之一。

那年秋天，香港富商李嘉诚下榻该饭店，高欣给李嘉诚拎包。饭店举行了一个隆重的欢迎仪式，一大群人前呼后拥着李嘉诚，他走在人群的最后一位。他清楚地记得那两只箱子特别重，人们簇拥着李嘉诚越走越快，他远远地被抛在了后面，气喘吁吁地将行李送到房间，人家随手给了他几块钱的小费。身为最下层的行李员，伺候的是最上流的客人，稍微敏感点儿的心，都能感受到反差和刺激。高欣既羡慕，又妒忌，但更多的是受到激励。"我就想看看，是什么样的人住这么好的饭店，为什么他们会住这么好的饭店，我为什么不能？那些成功人士的气质和风度，深深地吸引着我，我告诉自己，必须成功。"

第二年，高欣做了门童。门童往往是那些外国人来饭店认识的第一个中国人，他们常问高欣周围有什么好馆子，高欣把他们指到饭店隔壁的一家中餐馆。每个月，高欣都能给这家餐馆介绍过去两三万元的生意。餐馆的经理看上了高欣，请他过来当经理助理，月薪800元，而高欣在饭店的总收入有3000多元，但他仍旧毫不犹豫地选择了这份兼职。他看中的并非800元的薪水，而是想给自己一个机会。

为了这份兼职，高欣主动要求上夜班。但仅过了4个月，高欣的身体和精神都有些顶不住了。他知道鱼和熊掌不能兼得，他必须作出选择。

高欣在父母不解的眼光和叹息中辞职，进了隔壁的餐馆，做一月才拿800块工资的经理助理。可事情并没有像当初想象得那么顺利，经理助理只干了5个月，高欣就失业了，餐馆的老板把餐馆转卖给了别人。

闲在家里，高欣不愿听家人的埋怨，经常出门看朋友、同学和老师。一天，他去看幼儿园的一位老师。老师向他诉苦：我们包出去的小饭馆，换了4个老板都赔钱，现在的老板也不想干了。高欣眼前一亮，忙不迭地问："怎么会不挣钱？那把它包给我吧。"于是，高欣用1000元起家，办起了饺子馆。

来吃饺子的人一天比一天多，最多的时候，一天营业额超过了5000块钱。为了进一步提高工作人员的积极性，高欣想出了一招，将每个星期六的营业额全部拿出来，当场分给大家。这样一来，大家每周有薪水，多的时候每月能拿到4000元，热情都很高。一年下来，高欣自己挣了10多万元。

高欣初获成功，他又寻思着更大的发展。他在火车站开了一家饺子分店。一个客人在上车前对他说："哥们儿，不瞒您说，好长时间以来，今天在这儿吃的是第一顿饱饭。"当时高欣就想，为什么吃海鲜的人，宁愿去吃一顿家家都能做、打小就吃的饺子呢？川式的、粤式的、东北的、淮扬的，还有外国的，各种风味的菜都风光过一时，可最后常听人说的却是，真想吃我妈做的什么粥，烙的什么饼。人在小时候的经历会给人的一生留下深刻印象，吃也

19

不例外。

　　一有这样的想法，他就着手实施，随即他终于领悟到了自己要开什么样的饭馆了。他要把饺子啦、炸酱面啦、烙饼啦，这些好吃的、别人想吃的东西搁在一家店里，他要开家大一些的饭店。

　　他以每年10万元的租金包下了一个院子，在院里养了几只鹅，从农村搜罗来了篱笆、井绳、辘轳、风车、风箱之类的东西，还砌了口灶。"大杂院餐厅"开张营业了。开业后的红火劲儿，是高欣始料不及的，高欣觉得成功来得太快了。300多平方米的大杂院只有100多个座位，来吃饭的人常常要在门口排队，等着发号，有时发的号有70多个，要等上很长一段时间才有空位子。大杂院不光吸引来了平头百姓，有头有脸的人也慕名而来。

　　后来，大杂院的红火已可用日进斗金来形容。每天从中午到深夜，客人没有断过，一天的营业流水在10万元以上。3年下来，有人估算，高欣挣了1000万元。

　　任何财富都不是空想来的，谁犹豫不前，谁就会错失大好机会。归根到底，财富总是青睐那些爱折腾的人。你不理财财不理你，你不求财财不上门，你害怕风险，那你的生活就会很危险。

6. 不能自我挑战，犹如作茧自缚

成功与失败皆取决于思想的力量。掌控你自己的思想，你就能把握成功。

上帝只会拯救有自救意识的人，成功只属于有追求、敢折腾的勇士，对于容易被人生中种种困难所恐吓和束缚的人来说，成功永远是一个美丽的、遥不可及的梦，只能存在于"如果人生可以重来"的想象之中。

不敢向高难度挑战，是对自身潜能的束缚，只能使自己的无限潜能浪费在无谓的琐事中，与此同时，无知的认识还会使人的天赋减弱。这就是在作茧自缚，是你消极的思想将自己固定在了一个界限之中，但事实上，这个界限并非不可突破。

想要突破界限，破茧成蝶，首先就要从心做起。你的心有多大，世界就有多大；心的宽度，就是你世界的宽度。它可以帮助你超越困难、突破阻挠，最终达到你的期望。

其实，任何障碍都不是失败的理由，那些倒在困难面前的人，只是在心里将困难放大了无数倍。这种行为的实质就是"自我设限"，是一种消极的心理暗示，它使我们在远未尽力之前就说服自己"这不可能……"，于是我们的心会首先投降——"我不会。我完成不了……"放纵自己这样想的人很难成功，因为他已经在潜意识中停止了对成功的尝试。而事实上，这世上没有那么多不可能。

有个中学生，在一次数学课上打瞌睡，下课铃声把他惊醒，他抬头看见黑板上留着两道题，就以为是当天的作业。回家以后，他花了整夜时间去演算，可是没结果，但他锲而不舍，终于算出一题。那天，他把答案带到课堂上，连老师都惊呆了，因为那题本来已被公认无解。假如这个学生知道的话，恐怕他也不会去演算了，不过正因为他不知道此题无解，反而创造出了"奇迹"。

还有一个人，从小患有小儿麻痹症，后来他瘫痪了，二十多年来，他一直无法走路。一个冬天的夜晚，他所居住的那排房子突然失火了。火借风力，越烧越烈，熊熊大火将房子包围了。大火威胁着每个人的生命，房子里面的人摸索着从烈火和烟雾中跑了出来，喊叫声、哭泣声、嘈杂声充斥着火灾现场的每一个角落，忙于逃命的人们根本无暇顾及他。

火燃烧着，人们忙着逃命，他也不例外。他忘记了自己瘫痪的身躯，从大火中挣扎着跑了出来。有人发现他跑出来时说道："哎呀，你是瘫痪的！"听了这句话，他颓然倒下了，从此瘫痪得更加严重，他彻底地放弃了治疗，不久就过世了。

这都是真实发生过的故事。可以看出，不是环境也不是遭遇能够决定人的一生，而是看人的心处于何种状态，这就决定着一个人的现在也决定着他的未来。

审视曾经的失败你会发现：原来在还没有扬帆起航之前，许多的"不可能"就已经存在于我们的假想之中。现在你明白了，很多失败不是因为"不能"，而是源于"不敢"。不敢，就会带来想象中的障碍。

所以我们必须告诉自己的心：没有绝对的不可能，只有自我的不认同——不认同勇气，不认同坚持，不认同自身的潜能，所以，"我"才不敢折腾，所以才难与成功握手！

接下来，你必须向"极限"发出挑战，这是获得高标生存的基础。在当今这个竞争激烈的大环境下，如果你一直以"安全专家"自居，不敢向自己的极限挑战，那么在竞争的对抗中，就只能永远处于劣势。当你羡慕，甚至是忌妒那些成功人士之时，不妨静心想想：为什么他们能够取得成功？你要明白，他们的成功绝不是幸运，亦不是偶然。他们之所以有今天的成就，很大程度上，是因为他们敢折腾，敢于向"瓶颈"发出挑战。在纷扰复杂的社会上，若能秉持这一原则，不断磨砺自己的生存利器，不断寻求突破，就能占有一席之地。

当然，我们也不要盲目地自信，在折腾之前，你必须了解其"不可能"的原因，看看自己是否具备驾驭能力，如果没有，先把自身功夫做足、做硬，"有了金刚钻，再揽瓷器活儿"。要知道，挑战"瓶颈"只会有两种结果——成功或是失败，而两者往往只是一线之差，这不可不慎。

7. 不是生活对你不公，是你对自己太放松

这个世界上，貌似每一天、每一秒都有很多人在感叹命运的不公，有时候真的想不明白：哪里来的这么多的抱怨声？！

当你站在大街上，看着车水马龙，看着行色匆匆，他们谁不是在为生活、为梦想折腾着？那么凭什么你不求上进，却每天对着别人讲：这个世界对我太不公平！

你羡慕那些开豪车住豪宅的人，你羡慕月薪比你高的人，你甚至羡慕别人的如花美眷——你羡慕所有过得比你好的人，可是，你眼睛只盯着人家的好处，却没有看到人家背后的付出——他们在折腾中跌倒爬起了无数个回合！

你什么都不肯付出，让你出一点点力气，你就喊着累死累活，那么你又有什么资格去过你所憧憬的生活？显而易见，不是生活对你不公，是你对自己太放松，不是生活抛弃了你，而是你太萎靡。

所以你想比别人过得好一点，你就要多努力一点，你想成就高一点，就要多磨砺一点，不管顺风也好、逆风也罢，至少你还要有一种无碍飞扬的气魄。

在中国信息产业界，有这样一个女人，她创下了几个第一：第一个成为跨国信息产业公司中国区总经理的内地人；第一个也是唯

第一章 你可以停下来，世界却不会为你停下来

一一个坐上如此高位上的女性；第一个也是唯一一个只有初中文凭和成人高考英语大专文凭的跨国公司中国区总经理。在中国经理人中，她被尊为"打工皇后"。读到这里，应该有很多朋友都能叫出她的名字了，没错，她就是吴士宏。

吴士宏可以说一度被绝大多数女性甚至是很多男性奉为偶像，只不过，我们大多只看到了她人前的光鲜，却并未看到她折腾时的辛酸。

吴士宏出生在北京一户普通人家，初中毕业以后，她曾在北京椿树医院做过一段时间护士。随后，一场大病几乎令她丧失了活下去的勇气。然而，大病初愈的吴士宏却突然感悟到：绝不能继续在这个毫无生气，甚至无法解决温饱的地方浪费青春。于是，通过自学考试，吴士宏取得了英语专科文凭，并通过外企服务公司顺利进入"IBM"，从事办公勤务工作。

其实，这份工作说好听一些叫"办公勤务"，说得直白一些，就是"打杂"。这是一个处在最底层的卑微角色，端茶倒水、打扫卫生等一切杂务，都是她的工作。一次，吴士宏推着满满一车办公用品回到公司，在楼下却被保安以检查外企工作证为由，拦在了门外，像吴士宏这种身份的员工，根本就没有证件可言，于是二人就这样在楼下僵持着，面对大楼进出行人异样的眼光，她恨不得找个地缝钻进去。

然而，即使环境如此艰难，吴士宏依然坚持着，她暗暗发誓："终有一天我要折腾出个样儿来，绝不会再让人拦在任

何门外！"

从此以后，吴士宏每天利用大量时间为自己充电。一年以后，她争取到了公司内部培训的机会，由"办公勤务"转为销售代表。不断努力，令吴士宏的业绩不断飙升，她从销售员一路攀升，先后成为IBM华南分公司总经理、IBM中国销售渠道总经理、微软大中华区总经理，成了中国职业经理人中的一面旗帜。

看看这个与众不同的女人，再看看我们自己！你在自怨自艾，抱怨出身，抱怨命运，抱怨社会的同时，到底失去了什么？如果你不知道，那么这个故事足可以告诉你——你失去了堂堂正正做人的精气神，你抱怨有余，努力不足，那么成功就不会眷顾你。

所以，你庸庸碌碌地活着，有时候甚至自己都觉得自己是一具行尸走肉，生与死在意义上没有多大区别。你每天心甘情愿地窝在家里，当着所谓的宅男腐女，你却抱怨说自己看不到阳光。那又怪得了谁呢？

其实你能做很多事，可是你不想折腾，你身上的那根懒筋在扯着你，可是你又每天怨声载道，像极了一个怨妇，你觉得谁都过得比你好，你羡慕嫉妒恨。可是，你却从未试图去改变自己，斩断那根懒筋，多做出一点努力，那么，你的落魄又怨谁？

如果说你还有那么一点点骨气，那么看看自己到底活成了什么样子！然后真正地站起来，告别忧郁，告别抱怨，好好生活，好好奋斗，好好折腾。其实在努力的人面前，一切所谓困难都是纸老虎。你做得不好，皆因你不够努力；甚至你平凡，是因为你从未努力过。

8. 没有伞的孩子，更要努力奔跑

"你是一个没有雨伞的孩子，下大雨的时候，人家可以撑着伞慢慢走，但是你必须奔跑……"是的，你只有努力奔跑，否则怎么办？

你不能躲起来等雨停，因为雨停了或许天也就黑了，那时候你的路会更难走；你没有办法等待雨伞，因为你没有雨伞，也没有人会给你送伞。所以，你只能选择奔跑，而且是努力奔跑，玩了命似的奔跑，因为跑得越快，被淋得就越少。

当大雨来时，奔跑不单单是一种能力，更是一种态度，这种态度将决定你人生的高度。

也许有的人认为，为什么要跑，难道跑前面就没有雨了吗？既然都是在雨中，我又为什么要浪费力气去跑呢？是的，即使跑得再快，你也会被淋湿，但这更是一个态度的问题。努力奔跑的人可能会得到更好的结果，那就是衣服只湿了一点点，并不影响继续穿，而且可以继续他的社会活动；而不愿奔跑的人其人生态度就显得消极和堕落很多，他对自身行为的结果了如指掌，但他选择了逆来顺受，所以他被淋透的可能性是百分之百。这就是二者的不同——奔跑的人还有机遇，不愿奔跑的人则注定悲剧。那么，你现在又是谁呢？

我们希望每个人都是前者，因为这意味着：勇敢面对，接受挑战，努力争取，无所畏惧，没有后悔，没有抱怨，心中充满理想，充满希望，懂得为自己创造机会。而你今天的努力，将决定你明天的生活和成就。

现实生活中，我们绝大多数人都是没有雨伞却刚好碰到大雨的孩子，我们的出身很平凡，所以相对而言，我们在人生路上碰到的雨水都要更大一些，我们没有选择，只有那一条相对艰难的路，你不跑，便不知何时才能走到路的尽头，你跑起来，才有越过泥泞的希望，所以没有伞的孩子，我们只能选择努力奔跑。是的，现在的我们仍然看着很平凡，名不见经传，但是我们要向着不平凡去努力。当然，就结果而言，我们不敢有绝对的判断，但是跑与不跑的两种态度将决定我们生命的质量：第一种人还有希望，第二种人只有失望。

其实，一个人的起点低并不可怕，怕的是境界低。有时越在意自我，便越没有发展前景；相反，越是主动付出，那么发展就越发快速。很多功成名就的人，在事业初期都是从零开始，把自己沉淀再沉淀、倒空再倒空、归零再归零，他们的人生才一路高歌，一路飞扬。

第二章
朝着梦想努力奔跑

眼睛所到之处,是成功到达的地方,唯有伟大的人才能成就伟大的事,他们之所以伟大,是因为他们决心要做出伟大的事。可以说,一个人的发展在某种程度上取决于对自我的评价,这种评价就是定位。在心中你给自己定位成什么,你就是什么。所以,别怕别人看不起你,除非你自己看不起自己。

1. 心大一点，人生才更宽广

所谓性格决定人生，心态成就命运。一个人想要成就大事，首先就要有成为大人物的心态。立志是一个人对人生执着的追求，也是一种渴望，更是一种争取人生有所为的性格反映。就像贝尔博士所说的那样："时刻想着成功、看看成功，心中便有一股力量催人奋进，当水到渠成之时，你就可以支配环境了。"可见，我们要想成为一个成功者，很重要的一点就是时刻保持着成功者的心态，就将自己设定为理想中的模样，只要它是实际的，便以最大的自信和热情去行动，直到成功为止。

这里有一段史事，相信会对大家有所启发：

李斯少年时家境窘迫，曾做过掌管文书的小吏。据说，有一次李斯方便时，恰巧看到老鼠偷吃粪便，人与狗一来，老鼠变慌忙逃窜。不久之后，他在官仓内又看到了老鼠，这些老鼠整日大摇大摆地吃着粮食，长得肥头大耳，生活得安安稳稳，根本不必担惊受怕。两相比较，李斯感慨顿生，"人之贤与不肖，譬如鼠矣，在所自处耳！"意思是说，人有能与无能就好像老鼠一样，全靠自己想办法，有能耐就要做官仓之鼠！

于是，李斯立志要成为"官仓鼠"，他辞去小吏一职，前往齐

第二章　朝着梦想努力奔跑

国向当时著名的儒学大师荀子求学。荀子虽继承了孔子的儒学，也打着孔子的旗号讲学，但他对儒学进行了较大的改造，少了些传统儒学的"仁政"主张，多了些"法治"的思想，这很适合李斯的胃口。李斯十分勤奋，与荀子一起研究"帝王之术"，即怎样治理国家、怎样当官的学问，学成之后，他便向荀子辞别，准备前往秦国。

荀子问及缘由，李斯回答：人生在世，贫贱乃最大耻辱，穷困为最大悲哀，若想令人高看，就必须干出一番事业。齐王昏庸暗弱，楚国无所作为，只有秦王龙盘虎踞、雄心勃勃，准备伺机并齐灭楚，一统天下，因此，秦国才是成就事业的好地方。如果留身齐、楚之地，不久即成亡国之民，还有什么前途可言？

李斯来到秦国，投入极受太后倚重的丞相吕不韦门下，凭借才干，很快就得到了吕不韦的器重，成为了一名小官。官虽不大，却不乏接近秦王的机会，仅此一点，就足够了。处在李斯的位置，既不能以军功而显，亦不能以理政见长，他深深知道，要想引起秦王注意，唯一的方法就是上书。他观察时局，揣摩秦王心理，毅然上书秦王——凡能成事者，皆能把握时机。秦穆公时期国势虽盛，但终不能一统天下，其原因有二：一、当时周天子实力尚存、威望犹在，不易取而代之；二、当时各诸侯国力量均衡，与秦国不相伯仲，但自秦孝公之后，周天子势力骤减，各诸侯间战争不断，秦国则休养生息，趁机壮大起来。如今国势强盛，大王又英明贤德，扫平六国简直不费吹灰之力，此时不动，又待何时？

这席话分析得可谓合情合理，入木三分，同时又极合赢政的胃口。李斯终于在秦王面前露了回脸，并被提拔为长史。此后，李斯不仅在大政方针上为秦王出谋划策，还在具体方案上发表意见——他劝秦王大肆挥金，重贿六国君臣，令他们离心离德，不能合力抗秦。这一招果然有效，后来，六国逐一为秦所击破，李斯则最终爬上了丞相的高位。

"粮仓鼠"与"茅厕鼠"的不同际遇，给了李斯很大刺激，使他确定了自己的人生方向——做一只粮仓里的老鼠。李斯其人胸怀大志，而清醒的头脑更为他的志气插上了翅膀，帮助他为自己选择了一个与众不同的人生起点。

一个人只有自己树立了远大性格并为之笃行践履，才有可能使自己成为一个出类拔萃、不流于俗的人，或成为一个有所成就的人。

志存高远，则意味着你有赢定局面的机会，有大功告成的可能。这是大多数人的一种理想目标，在这个目标的刺激下，人生就有盼头，就有希望。我们应该将"出类拔萃，不流于俗"作为自己的人生目标，也就是说我们要站在高处看人生，并通过一系列行之有效的手段，达到赢定胜局的目的。

有句话说得好："如果你自诩为奴隶，那你永远不会成为主人！"的确，我们每个人对于成功的追求都不尽相同，但可以肯定的是，无论你怎样解读成功、怎样定义成功，你都必须为自己选择一个明确的目标，因为没有目标、没有想法的人生，必然会一塌糊涂，必然会极度乏味、极度平庸。想要成功，我们就必须把自己定位为成功者，并在这条路上矢志不移地走下去！要知道，是成为"粮仓鼠"还是"茅厕鼠"，这完全在于你的想法，完全取决于你的选择。

2. 不甘居人后，才能走到人前

其实有时候，眼高于顶也不错，因为眼高于顶的人才会更有斗志去折腾。当然，这里所说的眼高于顶，并不是指以倨傲的态度去对待别人，而是主张人应有高远的追求。人人都愿意获得满意的结局，而一旦志得意满，一个人往往失去奋斗的动力，从这一点上说，心底里始终保留一些不安分的骚动，会给自己存下一点迈向更大志向的激情。

志愿是由不满而来。有开始，便有一种梦想，接着是勇敢地去面对，努力地工作去实现，把现状和梦想之间的鸿沟填平。人长大以后，就应该认清自己现在是什么人，将来想做什么人。给自己设定一个可行又不乏高远的目标，刺激自己把握好人生的每一步，并一步步向着更高的目标推进。

常言道："宁为鸡首，不为牛后。"就是激励人们去折腾出一片属于自己的天地。其实这也是一种不甘受制于人的强烈的自主意识。这种自主意识，体现着一种不肯甘居人后的强烈的进取精神，也是一个人敢于冒险开拓的超人魄力的具体体现。这种自主意识，也正是一个可能取得大成就的人必不可少的素质。

红顶商人胡雪岩幼年即入钱庄，从倒便壶提马桶干起，仗着脑袋灵光，没几年就爬到"档手"位置，相当于现在的银行办事员。少年得志、风流倜傥，日子过起来也好不逍遥自在。

然而，青年胡雪岩对于钱财看得开、看得准，逻辑异于常人，胸襟开阔，手笔恢宏，胆识过人，后来始能发光发热，成就清代第一富商。要是胡某也和其他钱庄档手一般小家子气，恐怕他下半辈子也不过是继续在钱庄里，每日在孔方兄间打转，一辈子没什么起色。

要折腾出一片属于自己的天地，正是胡雪岩立足商界，不断地打开市场，最终成为一流大商贾的内在动力。

其实，起初胡雪岩只是信和钱庄的一个学徒。胡雪岩父死家贫，自小就到钱庄当学徒。由于他勤快聪明，熬到满师，便成了信和的一名伙计，专理跑街收账。当时不过20来岁的胡雪岩实在是有些胆大妄为，竟然自作主张，挪用钱庄银子资助潦倒落魄的王有龄进京捐官，不仅自己在信和的饭碗丢掉了，且因此一举，还使自己在同行中"坏"了名声，再没有钱庄敢雇用他，终至落魄到靠打零工糊口的地步。

好在天无绝人之路，王有龄得胡雪岩资助进京捐官，一切顺利，回到杭州，很快便得了浙江海运局坐办的肥缺。王有龄知恩图报，一回到杭州就四下里寻访胡雪岩的下落，即便自己力量有限，也要尽力帮他。

重逢王有龄，因资助王有龄留下的恶名自然消除，这时的胡雪岩起码有两个在一般人看来相当不错的选择：一是留在王有龄身边帮王有龄的忙，而且，此时的王有龄确实需要帮手，也特别希望胡雪岩能够留在衙门里帮帮自己。依王有龄的想法，适当的时候，胡雪岩自己也可以捐个功名，以他的能力，肯定会有腾达的时候。胡雪岩的另一个选择是回他做过伙计的信和钱庄，以他此时的条件，回信和必将被重用，实际上，信和"大伙"张胖子收到王有龄听从胡雪岩的安排还回500两银子之后，已经做好了拉回胡雪岩、让出自己的位子的打算。他找到胡雪岩的家里，恳请胡雪岩重回信和，甚至将胡雪岩离开信和期间的薪水都给他带去了。

这两条路胡雪岩都没有走。混迹官场本来就不是胡雪岩的兴趣所在，他当然不会走这一条路，帮王有龄他自然不会推辞，但最终还是要干出一番属于自己的事业。而回到信和，也就是胡雪岩说的"回汤豆腐"，他自然更不会去做。这里其实也不仅仅是"好马不吃回头草"的问题，关键在于，这"回汤豆腐"做得再好也不过做到"大伙"为止，终归不过是一个"二老板"，并不能事事由自己做主。

"自己做不得自己的主，算得了什么好汉？"胡雪岩要的就是自己做主。所以他一上手就要开办自己的钱庄——事实是，这时的胡雪岩连一两银子的本钱都还没有，他不过是料定王有龄还会外放州县，以他自己的打算，现在有个几千两银子把钱庄的架子撑起来，到时可以代理官库银钱往来，凭他的本事，定能折腾出个样子来。

这就是气魄，一种强烈地要在商场上自立门户、纵横捭阖、开疆拓土、驰骋一方的气魄。

这种强烈的自主意识，是胡雪岩能够不断开拓自己事业的基础。如果一个人根本没有想过自立门户，这个人只能永远原地踏步，或者说，跟着别人做一点小生意。

其实生活中，很多人不是没有想法，而是缺乏折腾的胆量，缺少自信。到了一定的年纪，他们不敢接受改变，与其说是安于现状，不如坦白一点，那是没有勇气面对新环境可能带来的挫折和挑战。这些人最终只会是一事无成！

毋庸置疑，我们每个人都想拥有一片宽阔的人生舞台，但我们首先必须清楚，自己要的是一个什么样的舞台。一个人活得没有志气，最突出的表现就是没有人生目标。没有目标就好像走在黑漆漆的路上，不知自己将走向何处。而所谓的目标，就是你对自己未来成就的期望，确信自己能达到的一种高度。目标为我们带来期盼，刺激我们奋勇向上。当然，在为达到目标而努力奋斗的过程中可能遭遇挫折，但仍要坚定信念、精神抖擞。

这也就是说，我们要对自己的价值理念做好定向，如果个人对价值理念缺乏定向，往往会导致个人对现存社会价值观念产生怀疑和不满，无法确信生活的意义而使自我迷失。每个人到了老年都会反省过去的一生，将前面的生命历程整合起来，评估自己的一生是否活得有意义、有价值，是否已达到自己梦寐以求的目标。如果认为自己拥有独特的并且有价值的一生，便会觉得一生完美无缺、死而无憾，而且由经验中产生超然卓越的睿智，更能无惧地面对死亡。相反，如果否定自己一生的价值，便会对以往的失败悔恨，余生充满悲观和绝望。因此，不要怀疑自己，更不要否定自己！因为，无论如何，世界上只有一个你，你是独一无二的。"三军可夺帅，匹夫不可夺志。"别人否定你并不可怕，自己决不要否定自己。"人皆可以为尧舜""众生平等，皆可成佛"，如果把尧、舜、佛理解为能参悟宇宙规律的大师，那么这些话可以理解为在真理面前人人平等，人人都能创造！

宁做鸡头，不做凤尾！做人就要有胡雪岩那样的气魄，时刻让心中燃着一股斗志，不要轻易否定自己的价值。人来到这个世界，就是来走上帝所赠予我们的路。这是一种幸运，不是吗？不管是遍地荆棘，还是到处是花，我们都同样地来到这个世界。同呼吸，同看日出日落。大人物有大人物的追求，小人物有小人物的向往。而不管你是一个什么样的人，都不应怀疑自我的价值。

3. 别与平庸同流合污

人是自己思想的主宰者，持有应对任何境遇的钥匙。一个人能否掌握成功的关键，就在于是否可以用积极的想法主宰自己。你既可以错误地滥用思想，放纵自己，摧毁自己，最终堕落为庸俗之辈，也可以正确地选择思想并付诸实践，从而达到神圣完美的境界，收获硕果累累的明天。只要下定决心，认真去做，人完全可以实现自己的愿意，使自己成为自己想成为的那种人。

晚清重臣曾国藩就是这样的一个人，他一生恢宏，气势冲天。但这是他人生的结果，而不是过程。过程是什么？就是为他的人生目标而付出的具体行动，即立下大志，赢定人生胜局。曾国藩的这种性格从何而来呢？

曾国藩21岁在湘乡涟滨书院读书时改号"涤生"，意即涤除旧习，焕然一新。他自青少年时代就"锐意功名，意气自豪"。立志"不为圣贤，便为禽兽"，为光宗耀祖、报效朝廷要干一番轰轰烈烈的事业。这种志向不能不在其诗作中有所体现，譬如他在诗中写道："浩浩翻江海，争奔且未阑。古来名利客，谁不到长安。"他踌躇满志，信心十足："莫言书生终龌龊，万一雉卵变蛟龙。"他23岁考取秀才，24岁考取湖南乡试举人，然后远离家乡赴京师会试。但两次会试都落第了，他并不气馁，反而更加坚定了"天生我材必有用"的信念。

早年的曾国藩，在他还没有获取成功的时候，经常借诗文以抒发自己的志趣，自比于李斯、陈平、诸葛亮等"布衣之相"，幻想"夜半霹雳从天降"，将他这个生长在僻静山乡的巨才伟人振拔出来，用为国家栋梁。他十分自信地在诗中表示："一朝孤凤鸣云中，震断九州无凡响……虹梁百围饰玉带，螭柱万石枞金钟。"

他相信自己终有一天，会如同云中展翅翱翔的孤凤一样，不鸣则已，一鸣则引来九州的震动；如同生长在深山中的巨材一样，有朝一日成为国家大厦的栋梁。

正是这种高远的性格，才使曾国藩一步一步地走出深山，变成一个"震断九州无凡响"的"孤凤"。

曾国藩在功名仕途上的进取精神也不是一般人所能企及的，他的成功是建立在自尊、自信、自强的意志上的。他还坚信"是真龙必有云，是真虎必有风"。

他在一首奋发图强的诗中写道：

滥觞初引一泓泉，流出蛟龙万丈渊。
从古精诚能破石，薰天事业不贪钱。
腐儒封拜称诗伯，上策屯耕在砚田。
巨海茫茫终得岸，谁言精卫恨难填？

这首诗也充分地体现了他的自信与豪迈，看到此，我们对曾国藩后来的大作为似乎就不应感到偶然了。

他还说：人苟能自立志，则圣贤豪杰何事不可为？何必借助于人。"我欲仁，斯仁至矣。"我欲为孔孟，则日夜孜孜惟孔孟之是学，人谁得而御我哉？若自己不立志，则虽日与尧舜禹汤同住，亦彼自彼我自我矣，何与于我哉？

正是本着这种苟能立志则圣贤豪杰皆可为之的认识，曾国藩认为，凡做事，都要有志向。必须有三种立志性格：人生当有人生之志，为学当有为学之志，修身当有修身之志。关于人生之志，曾国藩有从"雉卵变蛟龙"到"国之藩篱"的自信，又有"未信君山铲不平"的豪迈，因而使曾国藩得以成为了所谓的"中兴名臣"。

想法与前途密切相关，一个人只有拥有良好的想法，让自己的心中始终充满豪气，自始至终将自己定位成一个成功者，才能无惧生活中的困难挑战，始终坚定地为自己的理想而努力，也只有这样的人才能让人高看一眼。

有道是："海到尽头天是岸，山登绝顶我为峰！"不甘寂寞的人生需要恢宏的气势，强者身上自有"我能""我行""舍我其谁"的志气、勇气与霸气，于是舍去了"我穷""我难""我无关紧要"的弱势心理，便有了日后的"会当凌绝顶，一览众山小"。曾国藩骨子里是不甘寂寞的，他正如狼一样，绝不肯苟且地活着，于他而言，"不为圣贤，便为禽兽"，也就是说要么流芳千古、要么遗臭万年，反正不能默默无闻地活着。也正是这种豪气，成就了他的千古之名。

成功的性格必须首先克服短见和盲目两大弱点，因为它们均因缺乏自信而形成。做任何事情，都不会一帆风顺，总要面临挫折。这就要求你在最困难的时候，克服注重眼前利益的短见，要有长远的眼光，自己给自己定好位。这是保证获得成功的必备事项。

4. 时刻想着成为竞争中的强者

有生物就会有竞争，要避开竞争不可能，消除竞争，除非万物俱焚。物竞天择，适者生存，这是大自然的定律。

毫无疑问，竞争是残酷的。

在热带雨林有一种"绞杀现象"：一些叫作榕树的植物，如歪叶榕等，它们的种子被鸟类食用以后不会消化，而是随着粪便排泄在其他乔木上，当条件适宜时，这些种子便会发芽，长出许多气根，气根沿着寄主树干爬到地面，插入土壤中，拼命抢夺寄主植物的养分、水分。同时，气根不断增粗，分支形成一个网状系统紧

第二章 朝着梦想努力奔跑

紧地把寄主树的主干箍住。随着时间的推移,绞杀植物的气根越长越多,越长越茂盛,而被绞杀的寄主植物终因外部绞杀的压迫和内部养分的贫乏而逐渐枯死,最后绞杀者取而代之,成为一株独立的大树。

这是植物界的竞争,在动物界也不例外。

每年春季,鹰都会产卵育子,一般一次生两个蛋。雏鹰从破壳而出就开始了竞争,只要爸爸妈妈带回食物,它们立刻张开嘴巴,大声地叫唤,希望将食物塞进自己的嘴里,而每次大鹰都会给头仰得最高、叫声最大的孩子喂食。而那只弱一点的幼鹰就会被活活饿死。

这就是优胜劣汰,同样存在于人类社会中。人类的发展、社会的进步,都是在竞争的推动下进行的。单从个体的角度上说,竞争影响着人生。富有竞争意识的个体能够激发潜能。我们知道,潜能是无限的,但人类安于现状的惰性同样很大。在思维里加入竞争意识,能够督促我们改掉懒散、不思进取的习惯,从而促进潜能的释放。一个人,如果能够积极地参与到竞争中去,就一定能够拓展人生的宽度和深度。

玛格丽特·撒切尔是一个享誉世界的政治家,她有一位非常严厉的父亲。父亲总是告诫自己的女儿,无论什么时候,都不要让自己落在别人的后面。撒切尔牢牢记住父亲的话,每次考试的时候她的成绩总是第一,在各种社团活动中也永远做得最好,甚至在坐车的时候,她也尽量坐在最前排。后来,撒切尔成为了英国历史上唯一的女首相,众所周知的"铁娘子"。

在这个以竞争求生存的世界上,如果你没有"争第一"的念

41

头，就不会有所作为。你的人生必然一塌糊涂，必然极度乏味、极度平庸。想要成功，你就必须把自己定位为成功者，并在这条路上矢志不移地走下去！

那么现在问问你自己："我"是惧怕竞争，能避则避，能让则让，还是直面竞争，毫不畏惧，当仁不让？如果不幸你是前者，那么从现在开始就要着力去培养自己的竞争意识。

5. 给自己找个榜样，把自己想象成那个人

"在人的本性中有一种倾向，我们把自己想象成什么样的人，就真的会成为什么样的人"。

"我"会成为哪种类型的人？是成功者还是失败者？人们都会思考这个问题。而且在成长的过程中，也会不断通过别人的评价、自己的经历，下意识地给自己勾画出一幅幅心理图像。遗憾的是，这些图像大部分都是消极的、否定的，在很多人看来，成功只属于那些天分极高或是背景极厚的人，而像自己这样才智平平、家世平平的人，注定与成功无缘。

其实这是个由不自信造成的错误，是我们太小瞧自己了。人在出生的那一刻都是平等的，没有谁注定渺小，后来之所以千差万别，不是上帝的戏弄，也不是条件的差异，很大程度上是因为个人

内心对自己的期望值不一样：有的人一直以成功者定位，有的人则把自己视为社会体制下的牺牲品，自轻自贱、放任自流，结果人生质量就产生了巨大差异。正像著名心理学家詹姆斯·艾伦所说的那样："一个人能否成功取决于他的想法，我们有什么样的愿望，想成为什么样的人，就会无意识地、不自觉地向实现愿望的方向运动。"

那么，如果我们能够反复地把自己想象成某一类型的成功者，自然也会全力以赴向着那个目标奋斗，直到成功为止。这是潜意识的作用，潜意识是无所不能的，只要你能够重复想象，并且相信自己的感觉，肯为自己的感觉不遗余力，只要它是现实的，就能够实现。

英国女孩艾丽丝出生在平民家庭，辍学以后来到一家服装店做售货员，虽说平时的工作很轻松，但是艾丽丝不想自己一直都是个售货员，她觉得自己将来可以成为自己想要成为的那种人。

这家服装店的老板是个高贵的女人，很会做生意，而且在各个方面都是接近完美的，艾丽丝想成为她那样一个优雅而又独立的女性，她在心里把自己想象成了女老板，每天都会模仿老板的笑容、姿势以及气质和修养。

这家服装店在市里颇有名气，来光顾的都是一些上流社会的女人，艾丽丝觉得自己以后也可以过那样的生活，她又把自己想象成贵妇人，学习她们的雍容之姿。

渐渐地，艾丽丝身上有了上流社会女性的气质，那些贵妇人们都很喜欢她，老板也对她赞赏有加，最后，当老板的生意扩充以后，于是将这间店交给了艾丽丝管理。

看到了吗？一个人最终的成就不决定于他的出身，也不受外界环境所主宰，关键是他的想法如何。如果你觉得艾丽丝这个故事还没有说服力，那么再看看下面这些人：

拿破仑少年时就把自己想象成一个统帅，并画出科西嘉岛的地图，进行军事布防，结果我们知道，他成了世界史上一位杰出的军事家；

希尔顿在儿童时代就开始想象自己在经营旅馆，并常玩角色扮演的游戏，而每次他都要当旅馆经理，最终他经营的希尔顿酒店享誉全球；

卓别林自小就想做一名演员，他常做这种想象，后来虽然饱受挫折，但最终美梦成真，给世界都带来了欢乐。

心理学的重大发现之一，就是可以借助自己不断地想象成为理想中的人物。如果你现在并不成功，或者正经历着失败，你可以把自己想象成一个成功人物。

据说有一位法国男人已经到了不惑之年依然毫无建树，他觉得自己一无是处：做生意失败，找工作又无人接收，甚至连妻子也因无法忍受贫穷，离自己远去！他认为世界抛弃了自己，他自卑至极，变得易怒又脆弱。

有一天，他在酒吧门前遇到了一位占卜者："喂，老头，我一直很倒霉，你帮我看看是怎么回事。"

占卜者对着他端详片刻，眼中突然放出异样的光芒："先生，能为您算命真是我的荣幸！"

"此话怎讲？"男人被搞糊涂了。

"因为您具有皇族血统，您是一位伟人的子孙！"占卜者语气坚定地说，"可以把您的生日告诉我吗？"

男人将信将疑，报出了自己的生日。

"没错！您就是拿破仑失落的后代！"占卜者一脸的兴奋。

"我是拿破仑的子孙？！"男人的心跳到了嗓子眼。

"是的，您体内流淌着皇族的血液，您继承着拿破仑的勇气和智慧，而且您不觉得，您与拿破仑有几分相像吗？"

男人仔细一想，感觉自己与拿破仑是有几分相像："可是，为什么我的命运如此不济？我做生意破产了，找不到足以糊口的工作，甚至连妻子都离我而去了。"

"这是上帝的考验！他要你经历这些挫折与痛苦，否则您就不能成功。不过，考验已经结束，好运即将到来，数年以后，你将成为全法国最成功的人，因为您具有皇族的血统！"

回家路上，一种曼妙的感觉在男人心中涌动："我不能给波拿巴家族丢脸，我要像祖辈一样出色！"

数年以后，这个"拿破仑子孙"赚得亿万身家，成为法国家喻户晓的人物。

这位法国人究竟是不是拿破仑的子孙呢？这根本无从考证，而且显然已不重要。重要的是，占卜者帮助他缔造了一种积极的心理暗示，他把自己想象成"拿破仑的子孙"，这个血统是高贵的！这样的身份怎么能放任自流？于是他从心里赶走了自卑，不再颓废，积极的心理暗示刺激他正确做事，所以他成功了。

那么从这一刻起，我们也该开始这种想象了？

不论贫穷还是貌丑，都把自己想象成一个非常积极、非常热情、非常成功的人，把自己想成一个天生的赢家，每天花点时间重复这个画面，把它刻在你的心理。这样不断通过积极的暗示改变自己的内在，潜意识就会慢慢引导你的行为，不断配合你的暗示做出改变，你就可以成为自己想要成为的那个人。

6. 不是有了大目标，就不需要做小事情

东汉时有一少年名叫陈蕃，自命不凡，一心只想折腾出一番大事业。一天，他父亲的同城朋友薛勤来访，见他独居的院内龌龊不堪，便对他说："小伙子，你为啥不整理清扫好房屋来迎接客人呢？"他回答说："男子汉大丈夫，活着就要折腾天下大事，怎么能在这个小屋子里折腾？"薛勤当即反问道："一间小小的屋子你都折腾不干净，又凭什么折腾天下大事？"陈蕃无言以对。

陈蕃欲"折腾天下"的胸怀固然不错，但错的是他没有意识到"折腾天下"正是从"折腾一屋"开始的，"折腾天下"即包含了"折腾一屋"，而不"折腾一屋"是断然不能实现"折腾天下"

的理想的。

老子有云："合抱之木，生于毫末；九层之台，起于累土；千里之行，始于足下。"他是想告诉后辈们，做任何一件事情，关键就在这第一步。然而，需要稍加更正的是，要想成功，不仅要走好第一步，而是要从第一步开始，一步一步脚踏实地地去走好走稳，每一步都要落到实处，只有这样，才能最终达到目标。

夏董文是个名牌大学的毕业生，以优异的成绩被一家大机关录用。当时他踌躇满志，胸中豪情万丈，一心想着折腾出一番大事业来。不料上班以后才发现，每天只是干些杂七杂八的琐事，既不要太多的知识，也不要太高的智商，工作中毫无成就感，日复一日工作热情就慢慢消退了。

一次，他所在的单位要召开一个重要会议，大家都彻夜加班忙着为会议准备材料。上司分配给他的任务是装订文件，并一再叮嘱他务必要做好准备，保证明天开会时把文件发到参会人员手中。他接受这个任务时心里很不痛快，让一个名牌大学生干一个小学生都能干的活，还这样再三交代，太小题大做了。同事们忙忙碌碌，他只是无所事事地在一边看着报纸。

轮到他装订文件了，没想到刚刚订了十几份，钉书钉就没有了。他漫不经心地打开钉书钉的盒子，糟糕，盒子里是空的。在场所有的人都帮着翻箱倒柜地找。说也奇怪，平时到处都是的钉书钉，现在竟然一根也找不到。这时已经深更半夜了，而文件务必在开会前发出去。他的上司急了，对着他吼道："不是叫你做好准备的吗？连这点小事都做不好，还名牌大学生呢！"这时他只能无言以对，脸上像挨了一巴掌似的火辣辣地刺痛。

　　大家都紧张起来了，为了小小的钉书钉而急得团团转。几经周折，到了凌晨5点多，才在一家通宵营业的文体商店找到钉书钉，同事们一起动手终于把文件装订好了。在大家松了一口气的时候，夏董文灰头土脸地等着上司的训斥。而这个时候，平时被他认为严厉得不近人情的上司却只说了一句话："记住，在工作面前，人人平等。"这句话让夏董文受用一生，从此他深深领悟到：工作没有大小之分，以十分的准备对待三分的工作并非浪费；而以三分的态度去面对十分的工作，注定要捅娄子，出大错。

　　在我们事业的起步阶段，每个人都要经历一阵子的蛰伏。拿工作来说，每一个职场新人都要从零做起，这个时候，不管你有多大才能，你的工作可能就是扫地、倒水、打印装订文件，等等。是的，这都是小事，但如果你只把它当成小事来做，或许这辈子就只能干些小事了，而只有那些把小事当大事来做的人，才有机会去做大事。

　　踏实，是一种心态。这种心态往往是一个人成熟的表现，如果一个人没有办法让自己的内心踏实下来，没有办法让自己每走一步都踏实，那么，最终他也是无法实现自己的成功的。要知道，在人的生活中，最重要的是让自己的内心踏实下来，浮躁往往会让一个人不知所措。当你决定踏踏实实地去为了自己的梦想而努力的时候，你才会发现自己其实已经成功了。

　　还是那句话，千里之行，贵在足下。当我们还年轻，还有足够的时间的时候，要把理想变成现实只能脚踏实地地去一步步走，成功没有终南捷径可走。

你如果为自己制定了一个目标，那么就要明白自己的这个目标是否适合自己，如果你觉得很适合自己，那么就要学会踏踏实实地去实现自己的进步，不管是多么小的一步都要走得谨慎，不要忽视每一个细节，要知道，任何一个细节的忽视都有可能导致你的失败，所以说，如果你想要实现自己的成功，就不要忽视和轻视每个细微之处。要学会踏踏实实地走好每一步，最终才能够实现自己的梦想。

7. 一定要坚持努力下去

在你决定开始折腾之前，首先要慎重，要考虑清楚"它"究竟值不值得去做，但在开始之后，就绝不可以轻易放弃。诚然，在当今这个时代，计划确实没有变化快，但这绝不是你放弃的理由。要想生存，你就必须学着去适应这种变化，而不是因变化放弃自己的目标。在这个过程中，你可能会遇到很多困难，承受很大压力，但只要眼睛盯住前方，凭借坚韧的毅力，射出去的箭就一定可以正中靶心。

朱威廉出生在美国南加州，父母都是上海人，经营着一家中餐厅，在经过最初的艰苦之后，生活变得越来越富足。大学之时，朱威廉攻读的是法律，出于对警匪片的喜爱，他从小就立志要当一名警察。终于，在大学末期，他前往洛杉矶当了一年的警察。不过，父母觉得这一职业太过危险，非常担心他的安全，所以更希望他能够回家继承家业。

然而，朱威廉并不喜欢经营餐馆，他觉得这种工作太过枯燥，与自己向往的生活相去甚远。而且作为一个男人，在自己家中做事，完全没有自我价值的体现，没有独立的感觉。所以，虽然为不使父母担心而放弃了警察职业，但朱威廉始终没有同意经营餐馆。

当时，中国正处于高速发展时期，许多外商都选择在中国投资。于是，1994年，朱威廉带着3万美金来到上海。他想得很天真，以为来了就可以成就一番大事业。可到了上海他才发现，自己的想法竟是如此幼稚——别人投资动辄几十万甚至几百万美金，而自己只有区区3万。而且，他一到上海就住在了高级宾馆中，每晚至少要花费200美金。半年之内，朱威廉连续搬家，从五星到四星、三星、两星、一星、没星，最后到租住一间20多平方米的旧民房，连空调都没有安装。这时候，他的口袋里只剩下了几千块美金。

到了山穷水尽的时候，他也打过退堂鼓，觉得做事业太难，人多，竞争也大。有一次，他都到了机场，甚至连行李也已办完托运。可坐在机场休息大厅里一想：就这么回去多没面子啊！以前来自家餐厅吃饭的多是中国人，很多人都会大叫："我要回中国做生意去了。"但过了三四个月，再回来以后，就什么都不说了，在朱威廉看来，这些人就像是夹着尾巴逃回来一样，往往成为大家的笑柄。如果就这样回去，那岂不是和他们一样了吗？这会被朋友笑死的！

于是，在飞机起飞前，朱威廉又决定重振旗鼓，从头开始，背水一战！

创业之初，他只有一个15平方米的办公室，一台从美国运来的苹果机，后来招聘了两名员工，有了一点小小的知名度。那时，朱威廉还亲自跑业务，并且一连做成了几笔小生意，有了成绩，他又在大学里招了几名员工。可是好景不长，他的业务经理挖了自家墙脚，将大部分员工带走另起炉灶。朱威廉的账户里就只剩下两三百元人民币了。这件事给了他很大刺激，同时也给予了他极强的动力，他愈发努力起来。几年以后，他获得了"沪上直邮广告大王"的美誉，他的总公司设在上海，员工人数达90余名，此外，在北京、重庆，朱威廉又都设立了分公司。1997年，他的公司成功加盟世界上最大的广告集团。

刚到上海时，朱威廉觉得中国的人文环境与美国文化背景差异很大，总是和人沟通不到一起去，他几乎没有朋友。一个人很孤独。于是，朱威廉经常在网上写些东西，开始的时候，只是放到其他网站上，后来就想拥有一个属于自己的、比较安静的"地盘"，可以让大家都来真诚地写点东西，互相交流一下。在这种想法的驱使下，朱威廉开设了"榕树下"网站，他先把自己写的东西放上去，后来，"路过此地"的人也开始投稿。这些文章一开始都是先投到他的信箱中，由他编辑好后再放到网站上，这样就可以控制稿件的质量。开始时，每天只有一篇、两篇，后来越投越多，多到每天接近上百篇。这样一来，朱威廉一下班就得回家进行更新，根本没有时间处理其他事情。有一次，他去伦敦开会，在那里更新网站，结果花了一千多英镑。

长此以往不是办法，他决定成立一个编辑部。1999年1月，"榕树下"编辑部正式成立，设有十几位编辑，原来都是"榕树下"的作者。当时他做梦也没想到，"榕树下"后来会成为影响网络文学发展的一个重要网站。朱威廉以自己广告公司的盈利来支撑着"榕树下"，仅在最初的半年，开支就超过了百万元，但他并没有后悔，因为"榕树下"的点击率、访问人数在成倍增长，越来越多的人喜欢上了"榕树下"。

作家王安忆曾说道——"榕树下"是"前人栽树，后人乘凉"，这让朱威廉非常感动，或许这正是对他坚持理想的一个最大赞誉。

开弓没有回头箭，箭镞一旦射出，必然是有去无回。人生同样如此，迈出脚步以后，若发现路上设有障碍，不妨绕过去或是另辟蹊径，但绝对不能后退到原点，这是有理想、有抱负的年轻人，必须奉行的一种坚持！正如马云所说："在追求成功的道路上，每一分钟我们都有可能遇到困难。也许今天很残酷，而明天更残酷，但后天则会很美好，而许多人却在明天晚上选择了放弃，所以看不到后天的太阳。容易放弃的人是得不到最后的阳光的。""骐骥一跃，不能十步；驽马十驾，功在不舍。"成功绝非一蹴而就的事情，关键在于你能否持之以恒。当困难阻碍你前进的脚步之时、当打击挫伤你进取的雄心之时、当压力令你不堪重负之时，莫要退避、莫要放弃、莫要驻足不前，而要咬定青山不放松，只有这样你才会理所当然地获得认同与成功。

第三章
行动不一定带来快乐，但没有行动则肯定没有快乐

不要空想未来，不管它是多么令人神往，不要怀恋过去，要把逝去的岁月埋葬。失败者最可悲的一句话就是：我当时真应该那么做，但我没有那么做。这不是一个空想家的时代，如果你对现状不满，只有去改变自己，积极地去融入人群当中，去经历，去实践，去折腾，去潜移默化地提升。尽管不知道未来是什么样子，但只要你肯行动，总会有所收获。

1. 说一千不如做一件

目标明确的人，知道自己想要折腾成什么样子；

追求实际的人，知道为什么要去折腾；

能够将"要什么"和"为什么要"连在一起，并知道"如何要"的人，肯定是有想法、有思路，且有实际行动力的。

世上的一些事，当我们没有走近它时，往往觉得神秘莫测，因此会感到困惑、迷茫甚至充满敬畏。所以很多时候，我们选择能避则避，即便硬着头皮去接受，往往也是胆战心惊，在心理的作用下越发感到力不从心。其实，阻力并没有那么大。

这个时候，你首先应该考虑的是，能否用行动来检验它的难度，而不是用臆想将阻碍无限放大。

世界上牵引力最大的火车头停在铁轨上，为了防止它滑车，铁路工人只需在8个驱动轮前各塞一块一英寸见方的小木块，这个"大家伙"就会乖乖地原地待命。然而，一旦它开始启动，世界上就很少有东西能够阻挡它了。当它的时速达到每小时100英里时，即使是一堵5英尺厚的钢筋水泥墙，也会被它在瞬息之间撞穿。

从被几个小木块卡住到轻松撞穿一堵钢筋水泥墙，火车头何以变得如此威力无穷？因为它开动了起来。

第三章　行动不一定带来快乐，但没有行动则肯定没有快乐

其实，人也能够迸发出无比巨大的威力，许多看似厚重的障碍也能够轻松突破，但前提是：你必须让自己启动起来，否则，如果只是虚空想象，就会像停在铁轨上的火车头，连些许小木块也无法推开。

你可能想到过无数个好点子，但很遗憾，你没有把它们落到实处，所以现在的你和之前的你并没有什么两样。这个时代并不缺乏有头脑的人，但缺乏能把智慧付诸实践的人。有时候，你抢先一步，就能比别人多获得无数的好处。

三个旅行者徒步穿越森林，他们一边走一边讨论励志课上讲到的"行动的重要性"。他们聊得很入神，以至于没有意识到天色已晚，等到肚子抗议之时才发现，所带的食物仅剩下了一块面包。

这是三位虔诚的信徒，他们决定不去争论该由谁来吃这块面包，而是把这个问题交给上帝决定。当晚，他们在祈祷声中入睡，希望上帝能发一个信号过来，指示谁能享用这份食物。

翌日一早，三个人被温暖的阳光唤醒，又聊了起来。

"我做了一个梦，"旅行者甲说，"在梦里，我到了一个从未去过的地方，那里充满了平静与和谐，这时上帝出现了，他对我说：'亲爱的孩子，你是我选择的人，你从不追求奢侈，总是奉献快乐，为了表示我对你的欣赏，我想让你去品尝这块面包。'"

"真是奇怪，"旅行者乙接过话来，"我也做了一个梦，梦到了自己光辉的过去和伟大的未来，当我凝视这即将到来的美好时，上帝出现了，他说：'亲爱的孩子，你比你的朋友更需要食物，因为你要领导许多人，需要力量和能量。'"

"你们真的太有思想了!"旅行者丙说,"昨天,我就在这里,见到了上帝,他对我说:'你还记得行动的重要性吗?'然后我就吃掉了那块面包。真要感谢上帝,在我饿得快要死的时候及时提醒了我。"

不要只是当作笑话来看,去冥想它幽默背后的深意:纵然你有一千个理由成功,但如果不去行动,那也不过就是一个梦。

人,有梦想,起码表示自己在精神层次上有所追求,但如果一直只让它停留在脑海中,对你人生的提升则不起丝毫作用。

"你已经写下了你的目标,用肯定、确实的词句表达,也已经预定好了达成的时间表,以及为什么要达到目标的原因。现在你是不是已经有了明确的目标,你知道自己要什么,为什么要它,以及什么时候要达成目标,可是还不知道下一步该怎么做?"

给心灵一些激励吧!在心中反复默念这句话:

"立于现实,始于决断,成于行动;绝不疏忽,绝不松懈,绝不动摇,绝不畏惧,一往无前!"

这前半句是行动的指南:

"立于现实"就是告诫我们不要虚空想象,此意在前文已经做过细致讲解,不再赘述;

"始于决断"是说不要畏首畏尾、迟疑不决,当目标确立以后,应该迅速权衡、果断决策,接下来就应该马上行动了;

而有了行动,起码你等于已经成功了一半。

这后半句是行动的强大精神支撑,我们将其拓展开来即:

"决策绝不疏忽,努力绝不松懈,信念绝不动摇,内心绝不畏惧,不管前面的路有多难走,不要退缩,不要空想,先行动起来再说。"

是的，先行动起来再说，只有行动起来，才能了解事物的确切真相，才能把握事情的真切走向。我们所谓的障碍，其实不过是些小木块，你没有行动，它便永远是你的阻碍。火车头只有在启动以后，才会爆发出惊世骇俗的力量，人只有在行动以后才能石破天惊。困难出现，呆坐着发愁，找理由回头，这是最容易摧毁心智的。所以，别被自己想象出来的困难吓倒，黎明前总会有一段黑暗，你穿越了黑暗，光明随之即来。

2. 功成名就是一连串的行动

想实现自己的成功并不是一件简单的事情，不是说今天努力，明天就能够成功的，这需要一个过程，这个过程往往会让你明白自己前进的方向和动力。在一个人的一生中，如果你明白了自己的前进方向，你就能够一步步地实现自己的成功。在一个人的思想境界中，如果你能够坚持奋斗，坚持去折腾，那么最终你就能够实现自己的成功。

功成名就向来是在经历一连串的奋斗与折腾之后而得出的结果。是的，我们身边那些伟人，几乎都受过一连串的无情打击，他们每个人都险些被困难击败，但是他们因为始终没有放弃行动，终于获得了辉煌的成果。

伟大的希腊演说家德莫森就是这样。德莫森曾因为口吃而产生了极强的自卑心理。他父亲死后给他留下一块土地，希望他日后能过上富裕的生活。但当时希腊的法律是这样规定的：必须在声明拥有土地权之前，先在公开的辩论中赢得所有权。这对于他来说很不利，口吃加上害羞使他以失败告终，结果丧失了那块土地。这件事之后，他不但未被打垮，反而更加努力地战胜自己的缺点，结果他创造了人类空前未有的演讲高潮。几个世纪以来，那位当初取得他财产的人早已被历史忽略了，而德莫森的名字却深深地刻在了整个欧洲人的心上。

所以说要想实现自己的梦想，就应该坚持下去，只有坚持奋斗，坚持去折腾，才能够获得最终的成功。

林肯的一生就是不断折腾并取得胜利的伟大见证。

1832年，林肯失业了。这对于他来说，显然是一个很大的打击，但他并没有因此而颓废下去，他下定决心要当政治家，当州议员。糟糕的是，经过他的努力后，竞选竟然没有成功。但林肯没放弃，他要继续折腾，没过多久，林肯再一次决定参加竞选州议员，由于汲取了上次的经验，这一次他取得了成功。1838年，林肯认为自己的身体已经恢复得差不多了，于是决定竞选州议会议长，可他又折腾失败了。1843年，他又参加竞选美国国会议员，但这次仍然以失败告终。1846年，他又一次参加竞选国会议员，最后终于取得了成功。两年任期一

第三章　行动不一定带来快乐，但没有行动则肯定没有快乐

晃就过去了，他决定要争取连任。他觉得自己作为一名国会议员有着相当出色的表现，选民一定会继续选举他。但是，结果并非如此，他落选了。1854年，他竞选参议员，但失败了；两年后他竞选美国副总统提名，结果成了对手的手下败将；又过了两年，他再一次竞选参议员，仍然没有取得成功。林肯一直没有放弃折腾自己，他始终是自己生活的主宰者。1860年，他当选为美国总统。

他一直在失败，也一直为了自己的理想在折腾着，这对于他来讲就是一种成功，不管什么样的结果，这就是成功，所以说在一个人的内心世界，要想实现自己的成功，那可能并不是一朝一夕的事情，需要的是不断的行动。

1828年，刚满18岁的伯纳德·帕里希便一个人离开了法国南部的家乡。离开时，他什么也没有带，就连一本书也没有。当时他只是一个很普通的玻璃画师，但是，他对艺术却有着极高的热情。

偶然的一次机会，他看到了一只精美的意大利杯子，深深地被吸引住了，这样，他过去的生活完全被打乱了。从此，他内心便决心要探索瓷釉的奥秘，看看它为什么能赋予杯子那样的光泽。此后的几年时间里，他把自己的全部精力都投入到研究瓷釉成分中。不仅如此，他还亲自动手制造熔炉，但是第一次并未成功。后来，他又尝试着造了第二个。

这一次虽然成功了，然而这只炉子消耗了大量的燃料和时间，让他几乎耗尽了财产。最后为了继续研究，他不得不用普通火炉。对于他来说，失败简直就是家常便饭，然而每次他在哪里跌倒就从

哪里爬起来重新开始。最终，在经历无数次的失败之后，他终于烧出了色彩艳丽的瓷釉。

可是，他觉得自己的发明有待改进，于是，帕里希用自己的双手把砖头一块一块垒成了一个玻璃炉。

终于，他迎来了决定试验成败的关键时刻，他用高温连续加热了6天。出乎意料的是，瓷釉并未熔化。但是，他当时已经一贫如洗，只好通过借贷购买陶罐和木材，并且通过各种方法找到了更好的助熔剂。一切准备好之后，他又重新生火。可是，直到燃料耗光也未出现任何结果。无奈之下，他只好将花园里的木栅拆下来充当柴火，但仍然未见效果，随后他又将家具拿来充柴火，但仍然没有起作用。最后，他把餐具室的架子也拿来扔进了火里，奇迹终于发生了：熊熊的大火一下子把瓷釉熔化了。

有时候，坚持自己的理念实在很难。因为谁都无法预知未来将发生什么。若一味安分守己，自然可以平平安安，一直到老死。而如果要从事一项具有创造性的工作，或者从事危险性较高的职业，虽然能在挑战中寻找一份乐趣，或者在成功后享受胜利，但是他们失败的可能性要远远大于成功的可能性，这也是伟人和普通人不同的地方之一。

世界上没有一样东西可取代毅力，才干同样如此。综观世界，怀才不遇者比比皆是，一事无成的天才自然也不少；教育也不可以。世间充满了学无所用的人。只有毅力和决心，才能让我们无往不利。

当我们向高峰不断攀登时，必须谨记一句话：每一级阶梯都需我们踩足够的时间，然后再踏上更高一层，它不是供我们休息之用。我们在途中不免疲倦与灰心，但就像一个拳击手所说的，你要再战一回合才能得胜。碰到困难时，我们要再战一回合。每个人都有无限的潜能。除非我们知道它在哪里，并坚持用它，否则没有一点价值可言。

在我们追梦的路上，应如林肯那样，始终以一句话为人生格言，坚持一下，成功就在脚下。只要你懂得坚持，那么最终的成功就属于你，不管是在工作中，还是在生活中，如果你不懂得坚持奋斗，今天奋斗，明天休息，那么你最终也不会实现自己的愿望和理想，所以说当你感受到自己想要成功的时候，就要明白自己的奋斗即将开始。

那么从现在开始奋斗，为了自己的梦想奋斗终生，这是一件幸福的事情。因为在奋斗的时候你能够感受到自己的激情、快乐和年轻。不要让自己失去了目标，更不要让自己失去了折腾的勇气。大胆地去奋斗，大胆地去折腾，坚持自己的努力，让一连串的折腾成就自己。

3. 人生只有走出来的美丽，没有等出来的辉煌

谁在那里浮想联翩？谁在那里游乐无度？你无所事事地度过今天，就等于放弃了明天，懒汉永远不可能获得成功，没有机遇是失

败者不能成功的借口。

成功始于理想而止于空想,当你眼巴巴地看着别人的幸福羡慕忌妒时,当你因为没有财富而落魄痛苦时,你一定也曾在心里为自己描绘过一些美丽的画面,可是为什么没能去实现?也许就是那么一会工夫,你觉得前面的路实在难走,你害怕了,你的心劲又散了,你又走回了老路。

你可能会说:"我的理想很丰满,可是现实太骨感。"是的,这话好像很多人都在说,从某种意义上说,似乎也有那么一点道理。可是你再看!那些今天站在会场上为你讲授成功经验的人,又有哪一个不是通过昨天的努力将现实变得丰满起来的呢?

人生只有走出来的美丽,没有等出来的辉煌;天再高又怎样,踮起脚尖就更接近阳光!任何一种美好的行动,都能使坚强的人跟这世界和好,使他对世界充满信心和希望。除了行动,什么都是谎言。只有行动不会撒谎。不管什么人,只有根据他们的行为来判断他们!人生就这么回事,说易不易说难不难,这世界比你想象得更加宽阔,你的人生不会没有出口,走出蚁居的小窝,你会发现自己有一双翅膀,不必经过任何人的同意就能飞。

多年前,英国一座偏远的小镇上住着一位远近闻名的富商,富商有个19岁的儿子叫希尔。

一天晚餐后,希尔欣赏着深秋美妙的月色。突然,他看见窗外的街灯下站着一个和他年龄相仿的青年,那青年身着一件破旧的外套,清瘦的身材显得很羸弱。

他走下楼去,问那青年为何长时间地站在这里。

青年满怀忧郁地对希尔说:"我有一个梦想,就是自己能拥有一座宁静的公寓,晚饭后能站在窗前欣赏美妙的月色。可是这些对我来说简直太遥远了。"

希尔说:"那么请你告诉我,离你最近的梦想是什么?"

"我现在的梦想,就是能够躺在一张宽敞的床上舒服地睡上一觉。"

希尔拍了拍他的肩膀说:"朋友,今天晚上我可以让你梦想成真。"

于是,希尔领着他走进了富丽堂皇的别墅。然后将他带到自己的房间,指着那张豪华的软床说:"这是我的卧室,睡在这儿,保证像天堂一样舒适。"

第二天清晨,希尔早早就起床了。他轻轻推开自己卧室的门,却发现床上的一切都整整齐齐,分明没有人睡过。希尔疑惑地走到花园里。他发现,那个青年人正躺在花园的一条长椅上甜甜地睡着。

希尔叫醒了他,不解地问:"你为什么睡在这里?"

青年笑笑说:"你给我这些已经足够了,谢谢……"说完,青年头也不回地走了。

20年后的一天,希尔突然收到一封精美的请柬,一位自称"20年前的朋友"的男士邀请他参加一个湖边度假村的落成庆典。

在这里,他不仅领略了眼前典雅的建筑,也见到了众多社会名流。接着,他看到了即兴发言的庄园主。

"今天,我首先感谢的就是在我成功的路上,第一个帮助我的人。他就是我20年前的朋友——希尔……"说着,他在众多人的掌声中,径直走到希尔面前,并紧紧地拥抱他。

此时，希尔才恍然大悟。眼前这位名声显赫的大亨欧文，原来就是20年前那位贫困的青年。

酒会上，那位名叫欧文的"青年"对希尔说："当你把我带进寝室的时候，我真不敢相信梦想就在眼前。那一瞬间，我突然明白，那张床不属于我，这样得来的梦想是短暂的。我应该远离它，我要把自己的梦想交给自己，去寻找真正属于我的那张床！现在我终于找到了。由此可见，人格与尊严是自己干出来的，空想只会通向平庸，而绝不是成功。"

理想不是想象，成功最害怕空想。要想成就人生，就必须干将起来。躺在地上等机遇永远不会成功，因为机遇早已从头顶飘过。那些成功者都是个不折不扣的实干家。综观他们的生平处世，不仅积累了具体事情亲身入局的办法，更体验到了天下大事需积极出面入局的意义。

相反，我们之中的很多人想法颇多，但大多就只是空想，他们年复一年地勾画着自己的梦想，但直至老去，依然一事无成。这是很可怕的。所以说，若想做成一件事，就要先入局。在实践中充实自己、展现自己的才能，将该做的事情做好，证明自身的价值，如此你才能得到别人的认可。

所以，不要停下追逐梦想的脚步，有了蓝天的呼唤，就别让奋飞的翅膀在安逸中退化；有了大海的呼唤，就别让拼搏的勇气在风浪前却步；有了远方的呼唤，就不能让远行的信念在苦闷中消沉。而一旦你停下，再大的梦想也不可能实现。去寻找吧，寻找人生的意义，只要你肯相信，肯追寻，就会有奇迹！

4. 别让生活中的困难阻挡你前进的脚步

当你将困难当成一种磨砺，它不再是心灵的包袱；当你坚强融入血液，困难亦是一种动力。苦瓜虽苦，却是一道好菜，生活虽难，却可以激发出更大的潜力。我们不能丢掉向上的勇气，不要成为迷失的"穷二代"——劳作之外便是空虚。

困难不是平庸的借口，生活就像一个犁，它既可以割破你的心，又能够掘出你生命的新源泉。面对困难，你要学着承受，跟着太阳走、跟着感觉走，踩着困难的肩膀，去摘取那金字塔上的皇冠。

泰格·伍兹是个名副其实的穷孩子，成长于洛杉矶的一个贫民区，全家十余口人挤在一所破房子中，偶尔能填饱肚子，对于他们而言就已经是一件很值得高兴的事情了。

伍兹的梦想源于一次电视访谈节目，节目的主角是高尔夫球员尼克劳斯。伍兹的心在那一刻被触动了，他暗下决心：将来一定要成为尼克劳斯一样伟大的高尔夫球员。

于是，他请求父亲为自己制作一根球杆，并在自家的空地上挖了几个洞，每天都要用捡来的球，在这个简易球场上苦苦练习一番。

他曾向父母保证，将来有了钱，一定要为他们买栋大别墅。

在斯坦福大学就读期间。伍兹受好友之邀，准备利用假期去一艘豪华游轮上做服务生，据说每周有600美元的收入。伍兹真的心动了，每周600美元——这能够帮助家里减轻很大的负担。

也是伍兹幸运，这时，他的中学体育老师奇·费尔曼先生来到了伍兹家——他为伍兹联系了一家高尔夫俱乐部。在得知伍兹准备去做服务生以后，费尔曼沉默片刻，突然问道："孩子，告诉我，你的梦想是什么？"伍兹心头猛地一震，低声道："像尼克劳斯一样，成为一名伟大的高尔夫球员，为父母买一栋大别墅。"

费尔曼高声厉问："你去做服务生，每周赚600美元，这很了不起吗？那你的梦想呢？难道它就值每周600美元吗？靠着每周600美元，你买得起大别墅吗？"

费尔曼老师的话犹如当头棒喝，令伍兹瞬间惊醒，曾经确立的梦想不断在伍兹脑中闪现"我要成为像尼克劳斯一样伟大的高尔夫球员……"

那个暑假，伍兹并没有去游轮上工作，他接受了费尔曼老师的好意，在高尔夫俱乐部苦练着球技。

结果怎样想必大家都知道，2002年，伍兹成为继尼克劳斯之后，首位连续斩获美国大师赛、美国公开赛大奖的高尔夫球员，实现了自己儿时的梦想。

所以，别再让困难成为平庸的借口，别再让困难阻挡你成功的脚步。

5. "勤"字成大事，"惰"字误人生

人在旅途，我们的目的不仅仅是游山玩水，我们肩负着人生使命，所以必须向前走，不停地走，一直走到人生的尽头，无怨无悔地走完这生命的旅程。这一路上，勤奋是我们的食粮，没有它，我们四肢疲软，走不多远；没有它，我们无法负重，纵使走着，也是两手空空。那些生活中的丰收者，谁不曾在"勤"上下过一番苦功夫，那些惰性十足的人，又谈什么成为翘楚？世界上没有这样的道理。

所以，别再抱怨命运乖蹇！

你不知道那些所谓好命之人，在哪一个深夜多做了哪一道题，所以多会了哪一点知识，于是比你多了那么几分，于是进入了一个更好的学校，于是付出更多的辛苦，得到更多的深造，于是改变了命运的轨道。你不知道哪些所谓的好命之人，比你多承受了多少痛苦，比你多滴落了多少汗水，才会有今天的骄傲与灿烂。

可是他们知道，在生命的每一刻钟，都不能懒惰，不能停下，要厚积薄发，才能不留遗憾，要拼尽全力，才能苦尽甘来。

你不知道，但他一定知道。

自从进入NBA以来，科比就从未缺少过关注，从一个高中生一夜成为百万富翁，到现在的亿万富翁，他的知名度在不断上升。洛杉矶如此浮华的一座城市对谁都充满了诱惑，但科比却说："我可没有洛杉矶式的生活。"从他宣布跳过大学加盟NBA的那一刻他就很清楚，自己面对的挑战是什么。

每天凌晨4点，当人们还在睡梦中时，科比就已经起床奔向跑道，他要进行60分钟的伸展和跑步练习。9：30开始的球队集中训练，科比总是最少提前一个小时到达球馆，当然，也正是这样的态度，让科比迅速成长起来。于是，奥尼尔说"从未见过天分这样高，又这样努力的球员"。

十几年弹指一挥间，科比越发伟大起来，但他从未降低过对自己的要求，挫折、伤病，他从没放弃过。右手伤了就练左手，手指伤了无所谓，脚踝扭到只要能上场就绝不缺赛，背部僵硬，膝盖积水……一次次的伤病造就出来的，只是更强的科比·布莱恩特。于是你看到的永远如你从科比口中听到的一样——"只有我才能使自己停下来，他们不可能打倒我，除非杀了我，而任何不能杀了我的就只会令我更坚强。"

当然，想要成功绝不是说一句励志语那么简单，而相同的话与他同时代的很多人都曾说过，但现在我们发现，有些人黯然收场，有些人晚景凄凉，有些人步履蹒跚，"96黄金一代"能与年轻人一争朝夕的就只剩下了科比。

"在奋斗过程中，我学会了怎样打球，我想那就是作为职业球员的全部，你明白了你不可能每晚都打得很好，但你的不停奋斗会有好事到来的。"这就是科比，那个战神科比。

在很多时候，我们似乎更倾向于一种"天才论"，认为有一种人天生就是做某某的料，所以在某一领域尤为突出的人，时常被我们称为"天才"。譬如科比，你可能认为他就是个篮球天才。的确，这需要一定的天赋，但若真以天赋论，科比不及同时代的麦格雷迪，若以起点论，科比更不及同年的选秀状元艾弗森，何以如今有如此不同的境遇？答案就是勤奋，是异于常人的勤奋造就了一个不朽的传奇。

天才源于勤奋，只是我们经常在感叹别人成为天才的同时，忽略了一个事实：人生下来是一样的，都具备一样的大脑，一样的思维，在生命之初都没有表现出异于常人的特点。而那些人之所以能够成为我们眼红的天才，是因为他们明白："勤"字成大事，"惰"字误人生。有了这种意识，他们也就有了成为天才的一种精神，再加上格外勤奋的一双手一双脚、一个智慧的大脑，天才就在这大千世界里找到了最适合自己的位置。

所以努力吧！你也可以成为天才。十年不算晚，二十年、三十年不算晚，重要的是一生都在努力！

6. 与其进退两难，不如放手一搏

有时候真的是越长大，面对喜欢的东西越害怕。

譬如因为怕拒绝，所以不敢去表白；又如因为怕失恋，所以不敢去热恋；再如因为怕失败，因而不敢去尝试；有时明明想要去超越，却又向风险做了妥协，于是就这样犹犹豫豫、辗转反侧、思东想西、不死不活地混着日子，于是恒常处于分裂状态之下虚度了一些，这似乎比堕落还消极，人世间最愚蠢的事莫过于此——胸有大志，却又虚掷时光。

然而，一生不长，有时还没等你活得透彻，青春已逝，沧桑已至，徒留一声嗟叹。岁月难饶，光阴不逮，现在的每一天，都是我们余生中最年轻的一天，把握不好当下，未来必然是一片虚无。我们需要梦想，但要迈开脚步，历经跋涉方能抵达，生命总有个期限，你不能一直让自己凌空摆荡，和生命扯皮。

有这样一则寓言，看看是否能将你瞬间敲醒。

故事说有一樵夫，上山砍柴不慎跌落，危难之际，他顺手拉住了半山腰处一根横出的树干，人就那样吊在半空中，他抬头看看，山崖四壁光秃且高，爬是爬不回去了，而下面又是崖谷。樵夫进退两难正不知如何是好，恰巧这时一老僧经过，给了他一个指点，他说："放！"

教人放手跳下悬崖找活路，这个老僧难道是个疯僧？

其实故事的精华就在于这个"放"字：既然上不去，那么唯一可能完好生还的途径已经被证实不能够了；而就那么吊在半空中，不上不下，显然也是死路一条，甚至有无数种更加悲惨的死法，那么最好的选择就是"放手"，跳下去——未必就会活，但也未必就会死！

或许可以就着山势而下，下滚的重力受到缓冲；或许下滚的过程中能够抓住一些草、一些树木，那么冲力还可以被卸掉一点点；又或许山崖底下也有一个寒潭……总之，至少还有很多种生还的可能。

这个"放"字可以说就是我们对于未知事物的一种积极态度。当我们面对进退两难的境地时，与其耗在那里等死，还不如别浪费干耗的精力，将全部的意志和精力凝聚在一个点上，放手一搏，说不定就会置之死地而后生。就算这个决定只有万分之一的希望，但毕竟还有一线生机，总好过那毫无希望的漫长虚耗。假如说，每一次决定行动时，你都能够当作是放手一搏的最后一线生机，那么你就可以做到很多人无法做到甚至不敢想象的事情。

以关颖珊赢得2000年世界花样滑冰冠军时的精彩表现为例：她一心想赢得第一名，然而在最后一场比赛前，她的总积分只排名第三位，在最后的自选曲项目上，她选择了突破，而不是少出错。

难道你宁可永远后悔，也不愿意试一试自己能否转败为胜？恐怕没有人会说"对，我就是这样的孬种"吧。在4分钟的长曲中，她结合了最高难度的三周跳，并且还大胆地连跳了两次。她也可能会败得很难看，但是她毕竟成功了。她说："因为我不想等到失败，才后悔自己还有潜力没发挥。"

很多时候，如果你不逼逼自己，你能根本不知道自己有多强大。我们常常在不该打退堂鼓时拼命打退堂鼓，为了恐惧失败而不敢尝试，可是，如果你不去试试看，你又怎么知道自己一定不会成功？如果是这样，将来你的心会对自己内疚，你会悔恨，悔恨自己等到失败才后悔还有潜力没发挥出来。

所以，快点行动吧，时间不等人，机会也不是每时每刻都有的，喜欢一个人就去表白，就去了解，相思不如相知；想做一件事，就去折腾，别说太多废话，你会发现你比那些谈论梦想的人更加伟大。

7. 做事就要做到最好

人人头上一片天，脚下一块地。要想天高地阔，必须始终追求更高远的志向。志愿是由不满而来。有开始，便有一种梦想，接着是勇敢地去折腾，努力地去实现，把现状和梦想中间的鸿沟填平。人长大以后，就应该认清自己现在是什么人，将来想做什么人。给自己设定一个可行又不乏高远的目标，刺激自己把握好人生的每一

| 第三章　行动不一定带来快乐，但没有行动则肯定没有快乐 |

步，并一步步向着更高的目标推进。

土生土长的温州人周大虎毕业以后进入当地邮电局工作。刚开始，他的工作很简单，就是扛邮包。这虽是个体力活，但是，要强的他却经常叮嘱自己："要做就做最好，搬运工干好了也能干出名堂！"

在这样一种积极上进的思想指引下，他的工作做得果然很出色。很快，就得到了领导的肯定，将他提了干。成为干部的他做事更认真、踏实了，他铆足了劲要做到更好，绝不辜负领导的栽培。

就这样，他很快又被升了职，调到局里为解决职工家属就业而专门成立的服务公司去当领导。到了新的岗位的第一天，他就给自己定下一个目标："一定要把这项工作做到最好，让手下这些临时工享受和正式工一样的待遇！"

于是，经过他的用心工作，他的目标很快就实现了。

几年以后，他的妻子意外下岗了，拿到了5000元的安置费。头脑灵活的周大虎便以此为资本开始创业，在家里开起了生产打火机的作坊。

由于他处处争强好胜，很快就将打火机生意做得有声有色、风生水起。

当时，打火机销售非常火爆，当地的各家生产商都有做不完的订单，大家为了节省时间和成本，就开始偷工减料。但是，周大虎却没有效仿他们。因为"要做就做最好，永远做强者"的念头一天也没有从他脑海里消失，他是不会冒着自砸招牌的危险去"饮鸩止渴"的。

他依然毫不松懈地严把质量关，把每一笔订单都做到最好。市场自有公论，很快，"虎牌"打火机在市场上的优势就凸显了出来。从此以后，周大虎的订单猛增。而那些浑水摸鱼、生产劣质打火机的商家却因为接不到订单而先后关门了。

如今，周大虎公司生产的金属外壳"虎牌"打火机，已经有了全球打火机市场百分之九十之多的份额，成功击垮了很多国际大公司，彻底坐稳了打火机行业老大的地位。

总结周大虎的成功经验，他的一句话很能说明问题，他说："我这个人有一点，做什么都想做到最好。"

什么都要做到最好，这就是周大虎成功的动力。假如不是一心想着做最好的那一个，他不会从一个搬运工成为干部；假如不是一心想着做强者，他不会从几千块钱开始做到今天的亿万富翁。

其实，世上除了生命我们无法设计，没有什么东西是天定的；只要你愿意设计，你就能掌握自己，突破自己。所以从现在起，从每一件小事情做起，把每一件事情做到最好，这是对于一个出色之人的最起码要求，不论做什么事，别做第二个谁，就做第一个我，要做就把事情做到最好。

第四章
发现自己，相信自己

你想要过上更好的生活，你就要相信你行，你相信你行，你才能行。自信是所有成功者都具备的特质。有时候自信甚至是没有道理的，一些人执着于梦想而且非常勤奋和努力，明明成功的概率非常小，但是，因为有自信做支撑，结果成功了。

1. 自卑是条啮噬心灵的毒蛇

自卑的心态就像一条啮噬心灵的毒蛇，不仅吸食心灵的新鲜血液，让人失去生存的勇气，还在其中注入厌世和绝望的毒液，最后让健康的机体死于非命。

在人生崎岖的道路上，自卑这条毒蛇随时都会悄然地出现，尤其是当人劳累、困乏、迷惑时，更要加倍警惕。偶尔短时间地滑入自卑的状态是很正常的现象，但长期处于自卑之中就会酿成一场灾难了。自卑的根源在于过分低估自己或否定自我，过分重视他人的意见，并将他人看得过于高大而把自我看得过于卑微。

自卑所造成的问题是不论你有多么成功，或是不论你有多么能干，你总是想证明自己是否真的是多才多艺。换言之，很多人都倾向于为自己设定一个形象，而不肯承认真正的自我是什么。

举个例子来说，如果你一直希望自己成为特别苗条的人，总是担心自己瘦不下来，每次在量腰围时你就会担心，而完全忘了你的身体正处在最佳的健康状态。

你总是把自己认为的劣势时刻放在脑子里，提醒自己的不足，并把这些不足与他人的优势相比较。因而，越比越觉得自己不如他人，越比越觉得自己无地自容，从而忽略了自身的优势，打击了自信心。

假如让自卑控制了你，那么，你在自我形象的评价上会毫不怜悯地贬低自己，不敢伸张自我的欲望，不敢在他人面前申诉自己的观点，不敢向他人表白自己的爱情，行为上不敢挥洒自己，总是显得很拘谨畏缩。同时，对外界、对他人，特别是对陌生环境与生人，心存一种畏惧。出于一种本能的自我保护，便会与自己畏惧的东西隔离和疏远，这样便将自己囚禁在一个孤独的城堡之中了。假如说别的消极情绪可以使一个人在前进路上暂时偏离目标或减缓成功的速度，那么一个长期处于自卑状态的人根本就不可能有成功的希望，甚至已有的成绩也不能唤起他们的喜悦、兴奋和信心，只是一味地沉浸在自己失败的体验里不能自拔，对什么都不感兴趣，对什么都没有信心，不愿走入人群，拒绝别人接近。

世界上有大多数不能走出生存困境的人，都是由于对自己信心不足，他们就像一棵脆弱的小草一样，毫无信心去经历风雨，乃至将人生覆灭。

湖北有一位大学生，毕业后被分配在一个偏远闭塞的小镇任教。看着昔日的同窗有的分配到大城市，有的分配到大企业，有的投身商海，而他充满梦想的象牙塔坍塌了，烦琐的现实，使他好似从天堂掉进了地狱。自卑和不平衡油然而生，他从此不愿与同学或朋友见面，不参加公开的社交活动。为了改变自己的现实处境，他寄希望于报考研究生，并将此看作唯一的出路。但是，强烈的自卑与自尊交织的心理让他无法平静，在路上或商店偶然遇到一个同学，都会好几天无法安心，他痛苦极了。为了考试，为了将来，他每每端起书本，却又因极度厌倦而毫无成效。据他自己说："一看到书就头疼。一个英语单词记不住两分钟；读完一篇文章，头脑仍是一片空白；最后连一些学过的知识也记不住了。我的智力已经不行了，这可恶的环境让我无法安心，恨我自己，我恨每一个人。"

几次失败以后，他停止努力，荒废了学业。当年的同学再遇到他，他已因过度酗酒而让人认不出他了。他彻底崩溃了。短短的几年却成了他一生的终结。

自卑者习惯妄自菲薄，总是感觉己不如人，这种情绪一直纠结于心，结果丧失了原有的人生乐趣，烦恼、忧愁、失落、焦虑纷沓而至；自卑者无论是对工作还是对生活，都提不起兴趣，他们万念俱灰，失去了斗志，失去了进取的勇气；自卑者一旦遭遇挫折，更是怨天尤人、自怨自艾，一味指责命运的不公；自卑者格外敏感，缺乏宽广的胸怀，往往别人一个不经意的举动，就会戳伤他们的神经，以为别人在轻视自己、在侮辱自己。遗憾的是，他们从未仔细想想——你都看不起自己，为何还要要求别人高看你？

也许很多人会说："我相信自己！"那么你真的相信自己吗？当困难、挫折、讽刺、白眼接踵而至之时，你真的能够做到无动于衷、固守着心中的自信吗？事实上，很多人都做不到。

但是毫无疑问，我们必须战胜自卑。战胜自卑的过程，其实就是磨炼心志、超越自我的过程。逆境之中，如果你一味抱怨命运，认为自己是最不幸的那一个，那么你永远也无法解除自卑的诅咒。想要消除自卑，就要以一种客观、平和的心态看待自己，不要一直盯着自己的短处看，因为越是如此，自卑的阴影就会越为阴郁。想要战胜自卑，就不要理会别人的评价，只要认为自己没错，那就矢志不移地走下去。你要做的，是用自己的能力、用自己的信心证明给别人看：我是优秀的！若做不到这些，若依旧对自卑恋恋不舍，那你就别指望别人高看你！

那么，我们要如何战胜自卑心理呢？我们可以这样：

（1）以补偿法超越自卑。

这是一种心理适应机制。我们在适应社会的过程中总有一些偏差，令我们的理想与现实出现落差，这时，我们可以用一种补偿法来为心理"移位"，即克服自己因生理或心理缺陷而产生的自卑，转而发展在某一方面的特长。事实上，这一心理机制的运用，曾经成就了很多人，他们越是感到自卑，寻求补偿的愿望就越大，最后成功的本钱也就越多。

举个例子：

林肯总统的出身不好，长得也很一般，他为此感到很自卑。他为了在人前抬起头来，拼命地为自己充电，以求弥补自己知识贫乏和孤陋寡闻的缺陷。他孜孜不倦地读书，尽管眼眶越陷越深，但学识让他成为了具有非凡魅力的人。我们知道，他是美国历史上非常杰出的一位总统。

人在补偿心理的作用下，自卑感会形成一种动力，从而促使自己努力去发展所长，磨砺性格，完成对自己的一个超越。

（2）以实际行动为自己建立自信。

事实上，战胜自卑最快、最有效的方法就是挑战自己害怕的事情，直到这种恐惧心理消除为止。我们可以这样去做：

①挑靠前的位置坐，突出自己。

在社交场合的聚会中，或是在各类型的讲堂中，我们不要坐在后面，不要怕引起别人的注意，直接就大大方方地坐在前面。要知道，敢于将自己置于众目睽睽之下，这是需要很大勇气的。如果你做到了，你的自信势必会得到提升。

②去正视你的社交对象。

很多人在与人交往、交谈中，目光总是躲躲闪闪，不敢正视别人，这就是一种极不自信的表现，这说明你恐惧、怯懦或是心中有愧。倘若你能正视别人，就等于在告诉对方：我是真诚的；我是光明正大的；我乐于与你交往。这才是自信的表现，更是一种个人魅力的展示。

当然，这类方法还有很多，我们就不一一道足。其实，说一千道一万，解除自卑心理的关键还在于我们的心态，如果你能够给自己培养出一种优越感，那么毫无疑问，你就是自信的。请记住！一个人可以犯错误，但绝不能丧失自信、丧失自尊。因为唯有自信者才能捍卫自己的尊严；唯有自信者的人生阵地才不会陷落；唯有自信者才能披荆斩棘、冲破重重障碍，最终摘得胜利的甘果。

2. 上帝创造了平凡的你，但你能创造全新的自己

出身决定起点，但选择可以决定方向、心态可以左右生活，细节可以决定命运。所以起点低并不要紧，怕的是没有追求；没有雨

伞也不可怕，怕的是你选择摆烂。就算上帝创造了平凡的你，但你的每一个决定，都是在创造全新的自己，你的命运其实一直就在自己手上，所以别把自己的人生当儿戏。

人生其实充满了神奇，就算你的起点很卑微，但人生既然有无数种可能的开始，同样就会有无数种可能的结局，关键在于你对于自己的创造力。事实上，很多成功人士的人生起点同样很低，但他们能够把这种困境转换成动力，在平凡的起点上，铆足了劲折腾出了不平凡的事业。而这些人成功的关键因素就是，他们对于生活的态度以及做人的心态。

请不要再抱怨出身低微、生不逢时，机会不等，伯乐难求，等等。要知道，其实每个人都有平等的机会博取成功。

所以，马上改变你的心态！

你所遇到的困难，更是一种历练，逆境虽然不能令每一个人成功，但它确实造就了很多生活中的强者，造就了很多成功人士。而我们现在所要做的，就是把"不幸"放下，努力把自己折腾成他们中的一分子。要知道，命运只是负责发牌，而打牌的却是我们自己，无论何时你都有主宰自己命运的权利。

看看那些成功者，再想想我们自己，是不是应该保持一颗乐观的心，用它来驱散焦虑？事实上，就算你恼、你恨、你哭、你怨，既成事实也不能改变。而你唯一能改变的是你将来的命运。所以，我们需要秉持一种乐观的心态，向着自己的目标一直努力地折腾下去。不要让坏心态阻碍我们的成长，不要让坏心态阻碍我们的成功。事实上，没有什么能剥夺我们追求幸福的权利。

3. 别怕被看低，更别把自己看低

走过的路告诉我们，如果你想要很认真地活着，但别人不看重你，这个时候你一定要看重你自己；如果你希望得到更多的关注，但别人不在乎你，这个时候你一定要在乎你自己。你自己看重自己，自己在乎自己，最后，别人才会看重和在乎你。

你最不能犯的错误，就是看低自己，其实每一个独立存在的个体，都有着别人无可替代的特点与能力。当别人的评价让你感到无可适从时，没关系，只要你知道曾经有一个独特的、与你气质相近的人成功了，那么就不必再为俗人的眼光而感到苦恼。对于别人的击打，你可以做出两种反应：要么被击垮，躲在角落里哭泣，朝着他们想看到的样子沉沦下去；要么选择无视，就做最真实、最好的你自己，坚持到底。结果是，前者会泯然众人，而后者往往会惊天动地。

他在北京求学时，为了生存不得不去卖报，每天他不论刮风下雨、寒冬酷暑，而他卖报所得钱全部用来买国外有关物理方面的杂志，只剩下买馒头榨菜的钱。生活上的苦和人们异样的眼光他从没有怕过，但他经常要去听一些学术报告，每次头发乱蓬蓬，戴了一副700度的近视眼镜，只穿一双旧黄球鞋，不穿袜子的他成了门卫拦截的对象。

所有的苦，所有曾被人看不起的辛酸与那张波士顿大学博士研究生录取通知书相比，都是微不足道的。他就是留美博士张启东，他终于可以抬起头对所有看不起他的人说："你们看错了！"

如果说人生是一盘大餐，那么餐桌上必然有酸、甜、苦、辣。现实生活中，许多人因为各种原因总怕被人看不起，的确，十根手指伸出来还不一样长，每个人都会有不同的优缺点，或是生活贫困；或是自己其貌不扬；或是在公司里地位低下，人微言轻；或是自己口才不好，人缘较差；或是身体的先天残障，这都可能是被人看低的因素。其实，这所有的一切都不可怕，可怕的是你对待它的态度，一个人无论生存的环境多么艰难，有一颗自强自信的心是最重要的。

其实只要你愿意，太阳就会注视着你，月亮就会呵护着你。你完全可以"自恋"一些，就当那和煦的春风是为你而来，就当那五彩缤纷的鲜花是为你而开，就当那青青河边草是在为你的诗增添意境，就当那高山流水是在见证你生活的足迹，就当那自在漂流的白云是你忠实的幸福信使。这个世界，有一千个、一万个理由让你不要轻贱自己。

就算你现在的生活有点卑微，但那也只是就一时的境遇而言，绝不会是人格上的卑微，除非你甘愿自暴自弃。人生，有无数种开始的可能，同样也有无数种可能的结果，今天的强者，曾几何时未必不是个弱者，由弱到强的转变，靠的就是心中始终憋着的那口真气——那口不愿低人一等、不愿随波逐流的人生志气。而积聚起这口真气的关键就在于，他们自始至终没有低看过自己。

83

同样地，你也不能低看自己，就算我们的起点很低，但这并不意味着我们不能出人头地，如果没有10米跳台，那么我们就从1米跳台跳起吧。

4. 用欣赏的眼光看自己

假如有一天，你穿着漂亮的服装走在街上，很多人都在看着你，你心里会怎么想？你会不会有这样的想法：我脸上没有脏东西吧？我是不是有什么问题呢？别人对你的关注，反而让你觉得浑身不自在，好像哪里出了问题似的。

事实上，你用什么样的方式看待自己，就会得到什么样的自我评价。当你认为自己全身上下都是问题时，你的眼里就只会有问题，那么，你将看不到自己的优点。当然，你也不要觉得自己什么都好，假如你总觉得自己比任何人都强，你只会在自己身上找让自己满意的地方，你会看不到自己的缺点，这就进入了另一种极端，这显然也不是什么好事。

美国科研人员进行过一项有趣的心理学实验，名曰"伤痕实验"。

他们向参与其中的志愿者宣称，该实验旨在观察人们对身体有缺陷的陌生人作何反应，尤其是面部有伤痕的人。

| 第四章　发现自己，相信自己 |

每位志愿者都被安排在没有镜子的小房间里，由好莱坞的专业化妆师在其左脸做出一道血肉模糊、触目惊心的伤痕。志愿者被允许用一面小镜子照照化妆的效果后，镜子就被拿走了。

关键的是最后一步，化妆师表示需要在伤痕表面再涂一层粉末，以防止它被不小心擦掉。实际上，化妆师用纸巾偷偷抹掉了化妆的痕迹。

对此毫不知情的志愿者，被派往各医院的候诊室，他们的任务就是观察人们对其面部伤痕的反应。

规定的时间到了，返回的志愿者竟无一例外地叙述了相同的感受——人们对他们比以往粗鲁无理、不友好，而且总是盯着他们的脸看！

可实际上，他们的脸上与往常并无二致，什么也没有不同；他们之所以得出那样的结论，看来是错误的自我认知影响了他们的判断。

这真是一个发人深省的实验。原来，一个人内心怎样看待自己，在外界就能感受到怎样的眼光。同时，这个实验也从一个侧面验证了一句西方格言："别人是以你看待自己的方式看待你。"不是吗？其实很多时候，导致我们人生糟糕的关键，就是我们的自我评价系统出现了问题，因为无法正确看待自己，我们把自己人生的高度设置得越来越低。

所以，无论如何别把自己看得太低，或许你才是大众的焦点。你没有必要太在乎别人的看法，因为你永远是你，没有人能够取代你。是的，不要把自己看得太低，否则你对不起很看好你的父母兄弟。就算你不能挡住别人俯视的视线，但你完全可以改变自己的位

85

置，就算不能让他们仰视，但至少可以与他们比肩而立！

　　真的，不要把自己看得太低，也不能把自己看得太低。你才是生命力的擎天柱，你更要为家人撑起一片天，你要将自己托起，托到一个足够高的位置。我们要学会用欣赏的眼光看自己，如此才能消除自卑，树立自信，才能给命运带来转机，给生命带来机遇和色彩。

　　小泽征尔是世界著名的交响乐指挥家。在一次世界优秀指挥家大赛的决赛中，他按照评委会给的乐谱指挥演奏，敏锐地发现了不和谐的声音。起初，他以为是乐队演奏出了错误，就停下来重新演奏，但还是不对。他觉得是乐谱有问题。这时，在场的作曲家和评委会的权威人士坚持说乐谱绝对没有问题，是他错了。面对一大批音乐大师和权威人士，他思考再三，最后斩钉截铁地大声说："不！一定是乐谱错了！"话音刚落，评委席上的评委们立即站起来，报以热烈的掌声，祝贺他大赛夺魁。原来，这是评委们精心设计的"圈套"，以此来检验指挥家在发现乐谱错误并遭到权威人士"否定"的情况下，能否坚持自己的正确主张。前两位参加决赛的指挥家虽然也发现了错误，但终因随声附和权威们的意见而被淘汰。小泽征尔却因充满自信而摘取了世界指挥家大赛的桂冠。

　　世界并没有我们想象得那么差。我们最不需要在乎的就是别人看我们的目光，但我们必须在乎的是看待自己的方式。你的心若凋零，他人自轻视；你的心若绽放，他人自赞叹。人言不足畏，最怕妄自菲薄，当我们以自信的态度看待自己，在别人的眼里，当下的你就是最美的。

　　然而，这个世界上仍有很多人固执地认为，别人所拥有的光鲜不会属于自己，那是自己所不配拥有的，他们固执地认为自己不能与那些人相提并论。然而事实是，每个人都有自己的闪光之处，也远比自己想象中的样子要好，只是我们越发地自卑自抑，我们的信心就越来越少，因而也失去了很多可能成功的机会。

5. 只要坚持梦想，就不会迷失方向

　　顺风顺水的不是人生，坎坷和波折才是生命的主旋律。这个世界之所以有强弱之分，很关键的一点就是：前者在接受命运挑战之时总是会说："我永远也不放弃。"而后者却说："算了，我实在撑不住了。"其实，人在低谷的时候，只要你抬脚走，就会走向高处，这就是否极泰来；如果你躺下不动了，这就是坟墓。

　　一个人，最大的破产是绝望，最大的资产是希望。生活中的的确确存在很多不公平，但别抱怨，要努力去适应它。机会需要我们自己去创造，一味等待永远不会有令人满意的结果。如果天上真的会掉馅饼，那也会掉在把头扬起来的人嘴里。人生充满了尝试与错误，生活给了你坎坷与屈辱，但这并不意味着你已经出局。

　　所以在生命的旅程中，每每有风雨来袭时，不妨告诉自己：那

不叫"挫败"，只是成功路上的一个小小障碍！

他，里面穿着一件旧T恤，外面套着略显破旧的皮夹克，夹克的肩部垫着厚厚的皮垫，上面放着一个便携音响连着组合乐器，他带着这些东西洒脱地奔向人群。他，就是流浪歌手。

每晚7点以后是他工作的开始，他会拿着自己编好的歌谱，去各个饭店让客人点歌。歌谱上的歌曲有许多：现代的、过去的、新潮的、经典的。他最喜欢的是张雨生的《我的未来不是梦》。

天黑得快，又冷。很少有人会在外面吃饭，他不得不多去些地方碰运气，因为有些饭馆是不让他进的。一个小时过去了，他仍然没有挣到一分钱。走了几站的路，他有点累了，靠在路灯下，半闭着眼，长发在光晕下显得如此沧桑。这两年他的脾气已经在别人的冷嘲热讽、白眼、甚至是骂声中被磨得没了棱角。有一段时间他感到很迷茫。在自己的地下室出租屋里一待就是一天，或者去看老头打牌、下棋。他想过放弃，但自己为了音乐付出了这么多，就这样放弃他又有些不甘。他反复地说："人这一辈子总得有个奔头，有个希望。"而音乐当然就是他的希望。他相信自己能成功。他并不觉得自己比那些明星差多少。

一个青年女子走了过来，丢下1块钱在地上，他拾起来还给了她，说："我是卖艺的，不是要饭的。"她轻蔑地看了他一眼，随便点了一首歌，没等他唱几句，转身便离开了。这是他赚到的第一笔钱，钱是拿到了，但拿得却是如此心酸。

临近午夜，他开始往回走。天气有些凉，路上的人已经很少了。他不冷，走了这么久的路，身子早就暖和过来了。走到一个酒店门口，他被两个醉汉拉住，非要他唱歌给他们听。他唱了几首，他们很高兴，但拒绝付钱，几个人纠缠在一起，被酒店保安劝开，他无奈地被赶走。

他一天的工作结束了，这一天他只挣到一点饭钱。空寂的马路上，路灯映着他疲惫的背影，他的耳边忽然又响起那首歌：你是不是像我在太阳下低头，流着汗水默默辛苦的工作；你是不是像我就算受了冷漠，也不放弃自己想要的生活……

他是谁？也许现在一文不名，但你又怎知他日后不会成为明星呢？因为事业的关键就在于一个坚持。

其实，在生命陷入谷底的刹那，再激励人的格言都是无效的，而最有用的方法就是检视自己的内心，看看那里面装着什么——是"失败"、"痛苦"、"沮丧"、"伤心"、"失望"，还是，"很好！再努力下我又有了进步！""很不错，我还有努力的空间和机会！""太棒了！人生多了一种不同的滋味！"也许别人不能理解你的想法，但你的注意力是正向的，你得到的结果就是正向的！

当然，你有选择的权利，但结果肯定大不相同。幸福眷顾那些刚强之人，无论现实是何等的残酷，只要精神屹立不倒，人生就还有欢乐存在。事实上，只要我们能够在逆境中坚守梦想，就总是会有雨过天晴的时候。

想必你已经发现，当你面对阳光的时候，所有的黑暗都将在你脑后！所以不要问："我为什么失败？"而要问："我如何才能得到？"

其实，梦想离我们并不遥远，只是我们想得太过夸张，其实只要你肯坚持，它多半不会令你失望。人生路上磕磕绊绊、走走停停，我们难免会有迷茫之时，但只要你心存希望，幸福就会降临；只要你心存梦想，机遇就会笼罩，只要你持有信念，就不会迷失方向。为梦想而坚持，你定将收获幸福的果实。

6. 发现自己，成就自己

你所有的不幸，只能算是生命之歌中一串不协调的颤音。通过调整与努力，仍然可以奏出动听的乐章，同样可以博得满堂的喝彩！为你伴奏的人不必太多，不要总是把目光盯在别人身上，不该把别人的缺失当作自己堕落的理由。

如果一个人，不信任自我，不承认自我，不去发展自我，他还能做什么？扶不起的阿斗，就算别人想帮，又能帮得了多少？人生这条路，没人能够抬着你走完，寄希望于自我才是最可靠、最有利的成功法则。

多年前，美孚石油公司董事长贝里奇到开普敦巡视工作，在卫生间里，他看到一位黑人小伙子跪在地板上擦水渍，并且每擦一下，就虔诚地叩一下头。贝里奇感到很奇怪，问他为什么要这样做？黑人小伙子回答说，他正在感谢一位圣人。

第四章 发现自己，相信自己

贝里奇为自己的下属公司拥有这样的员工感到欣慰，接着又问他为何要感谢那位圣人？黑人小伙子说，是圣人帮他找到了这份工作，使他终于有了饭吃。

贝里奇笑了，对他说："我曾遇到一位圣人，他使我成了美孚石油公司的董事长，你愿见他一下吗？"

黑人小伙子感激地说："我是个孤儿，从小靠锡克教会养大，我很想报答养育过我的人，这位圣人若使我吃饭之后还有余钱，我愿去拜访他。"

贝里奇告诉他："在南非有一座很有名的山，叫大温特胡克山。那上面住着一位圣人，能为人指点迷津，凡是能遇到他的人都会前程似锦。20年前，我来南非登上过那座山，正巧遇到他，并且得到他的指点。假如你愿意去拜访，我可以向你的经理说情，准你一个月的假。"

这位黑人小伙子在30天的时间里，一路披荆斩棘，风餐露宿，过草甸，穿森林，历尽艰辛，终于登上了白雪覆盖的大温特胡克山，他在山顶上徘徊了一天，除了自己，什么都没有遇到。

黑人小伙子很失望地回来了，他遇到贝里奇后，说的第一句话是："董事长先生，一路我处处留意，直到山顶，我发现，除我之外，根本没有什么圣人。"

贝里奇说："你说得很对，除你之外，根本没有什么圣人。"

20年后，这位黑人小伙子做了美孚石油公司开普敦分公司的总经理，他的名字叫贾姆纳。

当你发现自己的那一天，就是你遇到圣人的时候。这个世界上，有谁会在看穿你的软弱之后，一直默默替你坚强着？不要叹息，世界就是这么现实，只有强者才能适应它的规则。人，总要学着自己长大，然后再学会那些所谓的坚强，最后才能实现自己的梦想，我们只有让自己的内心真正强大起来，才不会让别人看到你的软弱。

人生没有如果，很多事情轮不到我们选择，但我们可以依靠自己的努力去争取不一样的结果，让自己更有尊严地活在这个世界上。生活大抵是公平的，它不会让一直奋斗的人一无所获，山谷里的野百合也有春天，我们的生命再卑微也有在阳光下舒展的时候。

学着为自己建造一座避难所，那是生活中需要随时准备的，不要当风雨来临之际，一无所有地伫立在漫天的风雨里，将心灵的衣裳打湿，将自我淋落的心沮丧在无边的、潮湿的深渊里。下雨的时候，我们不必寄希望于别人能够送把伞来，要学会编织自己的人生遮雨伞，当你闯过风雨、跨过泥泞，前途便是一片光明，而这一切，都在自我的辛勤创造中。

7. 奇迹来自你自己

据说，亚历山大大帝在攻陷敌人一座城池以后，有人问他："如果再给您一次机会，您会不会选择再攻陷一座城池？"亚历山大大帝闻听此言，不禁勃然大怒："什么？我不需别人给机会！我可以创造机会！"

当心灵发出行动的呼唤时，很多人本能地捂住耳朵，恐惧地奔逃，是的，他们害怕直面那些让自己不安的东西，于是想到了逃避。为什么会这样？为什么要那样做？难道你的骨子里天生就是个懦夫，一个惧怕战斗的胆小鬼？！

那么，你的人生高度将渺小得可怜，因为河流永远不会高出它的源头，人生的成功也有源头，而这个源头，就是你的理想与自信。纵然你天纵奇才，才高八斗，但如果自信达不到那个高度，你事业的成就也不过平平而已。如果拿破仑没有自信的话，他的军队绝不会越过阿尔卑斯山，如果你对自己的能力存在严重怀疑，那么你终其一生也绝不可能有所成就。

成功的先决条件就是自信，自信满满的人，即使看上去很平凡，同样有可能创造出奇迹，成就那些天分高、能力强却又疑虑懦弱的人所不敢尝试的事业。因为，有自信的人，可以化渺小为伟大，化平庸为神奇。

那么现在问你一个问题，假如给你一个任务，要求你连续12年、平均每天销售6辆汽车，你能不能做到？或许你会摇头说："这不可能！"但事实上这是可能的！乔·吉拉德就做得到，而且当初，他不过是别人眼中的一个"废物"。

乔·吉拉德出生于美国大萧条时代，其父辈为西西里移民，家境贫寒。乔·吉拉德从9岁开始为人擦皮鞋，以贴补家用，但暴躁的父亲依然时常对他进行打骂，人们都很歧视他，认为他是个没用的"废物"。

这种情况下，他勉强读到高中便辍学了。父亲的打击、邻里的歧视，令他逐渐丧失了自信，他开始口吃起来。35岁以前，他更换过40份工作，甚至当过扒手、开过赌场，但终究一事无成，而且背负了巨额的债务。

难道真的如父亲所说，自己就是一个废物？乔·吉拉德似乎有些绝望。幸运的是，他有一位非常伟大的母亲，她时常鼓励乔·吉拉德："乔，你必须证明给你爸爸看，证明给所有人看，让他们知道你不是个"废物"，你能做得非常了不起！乔，人都是一样的，机会摆在每个人面前，就看你懂不懂得争取。乔，你绝不能气馁，你一定行！"

母亲的话给了乔·吉拉德很大鼓舞，使他重新恢复了自信，重新燃起了对成功的渴望，他在心中暗暗发誓：我一定要证明父亲错了！我一定行！为了克服口吃的毛病，他选择了从事销售行业，而且是极具挑战性的汽车销售。工作中，他一直坚持以诚信为本，谨守公平原则；工作方法上，他从不拘泥于"经验"，总是不断推陈出新，超越自我。

他的真诚、他的热情、他的别出心裁，赢得了客户的广泛青睐，他成功了！他从一个饱受歧视、一身债务、几乎走投无路的"废物"，一跃成为"世界上最伟大的销售员"！他被欧美商界誉为"能向任何人推销任何商品"的传奇人物，他所创下的纪录——连续12年，平均每天销售6辆汽车，迄今为止依然无人能够望其项背！而这一切，只缘于最初的那一句"我一定行"！

我们活着，总得活个样子出来，怎么也不能让人当作"废物"看待，所以，你必须远离那种故步自封的生活，别给自己套上枷锁，以良好的心态看待我们自己，你才能够斩破自卑的樊篱。

遥观，或者近观：成功之人必然是自信之人，因为自信，他们才勇于创造，因为自信，他们才崭露头角，所以即使当初是怀着尝试的态度迈开第一步，最终也是以自信的姿态迎接成功的到来；幸福之人也一定是自信之人，因为没有自信，便不会有强大的自驱力去争取幸福，自然也不会为家庭去营造幸福，也不会有维持幸福的张力。以此类推，有了自信，你的生命便可能拥有一切，全无自信，你的生命便全无生机。

当然，拥有自信，未必一定能够得到你想要的成功或幸福，可起码还有希望，但没有自信，就基本不会有成功或幸福的好命，除非是天上掉馅饼。所以，面对人生，我们不但有恒心，而且更要有自信心。因为，自信是成功的一半。

8. 你要做的就是比想的更疯狂

辩证地看，这个世界根本没有奇迹，是人们夸张了某些事的难度，其实都是通过努力可以做到的事情，是我们贬低了自己，成就了它的神话。

如果我们非要称之为"奇迹",那么"奇迹"也只属于有自信的人。生存法则就是这样:在左一轮右一轮的竞赛中将懦弱者淘汰,留下来的,不一定是最强的,但一定是最坚强的。或者是我们在给自己遮羞,由他们创造出来的事物,我们总是喜欢冠名以"奇迹"。

其实"奇迹"与"现实"并无界限,对于一百多年前的人们来说,飞上天是个神话,但有人创造了这个"奇迹",从此以后,不会有人再觉得造一架飞机是什么难事。很显然,所谓"奇迹",不是极难做到、不是不同寻常,是我们还没有做,自己就先把自己否决了,心里打了退堂鼓,不战自败。

事在人为,这是个永恒不变的真理,你也可以创造"奇迹",但前提是你要相信自己。你要做的,就是比你想得更疯狂些。只要你相信自己,去做了,就没有不可能。

第59届奥斯卡金像奖颁奖仪式那天,钱德勒大厅灯火辉煌、座无虚席,这里极度燃烧着人们的热情。在观众热切的企盼中,主持人宣布:"最佳女主角奖由在《上帝的孩子》中表现出色的玛丽·马特林获得。"现场立即响起雷鸣般的掌声。在众人的祝福中,玛丽·马特林轻盈地走上舞台,从上届奥斯卡金像奖最佳男主角威廉·赫特手中接过了奥斯卡金像。

捧着象征崇高荣誉的奥斯卡金像,玛丽·马特林激动不已。她一定有许多话想对大家说,但是人们并没有听到她的声音,最后人们看到玛丽·马特林在向观众们打手语:"其实,我并没有准备发言,此时此刻,我要感谢电影艺术科学院、感谢这个剧组的全

| 第四章　发现自己，相信自己 |

体同事……"

原来，玛丽·马特林是一个聋哑人。

玛丽·马特林出生后18个月时，在一次高烧中失去了听说能力。但是，玛丽·马特林并没有被命运击垮，她相信自己仍然可以创造幸福的生活。

玛丽·马特林从小就热爱表演，8岁时，她加入了伊利诺伊州的聋哑儿童剧院，一年之后，玛丽·马特林就在《盎司魔术师》中饰演了多萝西这个角色。但是，命运并没有因为玛丽·马特林的顽强而放弃了对她的折磨。16岁那年，玛丽·马特林被迫离开了聋哑儿童剧院，幸运的是，玛丽·马特林常常接到一些邀请她用手语表演的角色。在这些表演中，玛丽·马特林找到了自己的人生定位。玛丽·马特林充分利用这些演出机会，提高自己的演技。一个机会，玛丽·马特林参加舞台剧《上帝的孩子》的演出，玛丽·马特林在其中饰演一个并不重要的角色。不久之后，一位名叫兰达·海恩斯的导演决定，将这部舞台剧拍成电影。

可是，兰达·海恩斯导演在为女主角萨拉寻找饰演者时遇到了很大的困难，她花了半年的时间先后来到美国、英国、加拿大和瑞典挑选女演员，然而大费周折也未能找到适合出演萨拉一角的人。有些失落的兰达·海恩斯回到美国，重新观看舞台剧《上帝的孩子》的录像，发现了演技高超的玛丽·马特林，立即决定邀请马特林加入剧组，饰演萨拉一角。

在这部电影中，玛丽·马特林没有一句台词，但是玛丽·马特林却十分珍惜这次来之不易的机会，她严谨地对待每一个镜头，凭借丰富且传神的眼神、表情和动作，将剧中人萨拉的自卑与不屈、喜悦与懊丧、孤独与多情、消沉与奋进的内心世界完美地表现出来。由此，玛丽·马特林正式走上大银幕，实现了自己人生的飞跃，成为美国电影史上第一个聋哑人影后。

在玛丽·马特林之前，没有人认为聋哑人可以成为影后或影帝，放弃这种追求，她活得可能更轻松，但就会像很多聋哑人一样，泯然于无声的世界中。玛丽把它变成了现实，她创造了属于自己的"奇迹"，这得益于她一直有这个信念。所以玛丽常说："我的成功，对每个人来说都是一种激励。"的确如此，一个人的一生中，最难得的就是拥有一颗坚韧、自信的心，始终相信自己能够创造"奇迹"。

当然，我们可以通过自我暗示来造就它。

静下心来，听听内心的声音，它会告诉你：你是否坚强、是否自信、是否勇敢、是否努力……如果你得到了一个个否定的答案，没关系，请继续：

在心里对自己说："造物主创造我，就赋予了我无穷的智慧和力量，凡事我皆能做。"这可以在增强内在信心的同时，激发内在的力量，会让成功看起来并不那么难。

在心里把自己想象成这个世界的中心，这世界上的所有人与事都以"我"为中心在旋转，这是在有意识地给自己缔造一种优越感。

其实，所谓"奇迹"，都可以用信心和决心来争取，但我们往往在蹉跎中泯然于众人。原因是我们对"奇迹"本身不理解，总以为它是那么高不可攀，结果别人成就了奇迹，我们还在愁苦于生计。所以，去倾听心的召唤，它会引导你创造奇迹。

第五章
抓住机遇,把它变成美好的未来

如果你安之若素,就算机会出现在你身边,你也会视而不见。去努力,才能发现机会,才有机会,经奋斗才能成长,善努力才会成功。成功属于那些有目标、有准备、有胆识、敢拼搏的人。

1. 谁肯多付出，谁就能在竞争中更胜一筹

很多人总是喜欢抱怨上天不公，抱怨自己怀才不遇，未能人尽其才，甚至因此不思进取、自暴自弃，最终沦为时代的淘汰品。那么，为什么一块普通铁，在某些铁匠手中能够成为将军手中的利刃，而在另一些铁匠手中，只能成为农夫手中的锄犁？答案很简单，前者精于本业，不断锤炼自己的专业技能，后者不思进取，只求草草谋生。

所以，与其抱怨别人不重视我们，不如反省自己，不断提高自己的能力。倘若我们能够在自己所处的领域中，以饱满的热情、以一丝不苟的态度、以不断进取的精神，去迎接看似枯燥乏味的事业，我们就能实现自己的人生价值，得到相应的荣耀与肯定。

经济萧条时期，钱很难赚。一位孝顺的小男生，想找个工作替父母分忧。他的运气还算不错，真的有一家商铺想招一名推销员。小男生决定去试试。结果，跟他一样，共有7个小男生想在这里碰碰运气。店主说："你们都非常棒，但很遗憾，我只能在你们中间选一个。我们不如来个小小的比赛，谁最终胜出了，谁就能留下来。"

这样的方式不但公平，而且有趣，小伙子们都同意了。店主接

着说："我在这里立一根细钢管，在距钢管2米的地方画一条线，你们都站在线外面，然后用小玻璃球投掷钢管，每人10次机会，谁掷准的次数多，谁就胜了。"

结果呢？——谁也没有掷准一次，店主只好决定明天继续比赛。

第二天，只来了3个小男生。店主说："恭喜你们，你们已经成功淘汰了4名竞争对手。现在比赛将在你们3人中间进行。"

接下来，前两个小男生很快掷完了，其中一个还掷准了一次钢管。

轮到这位有孝心的小男生了。他不慌不忙地走到线前，瞄准钢管，将玻璃球一颗颗地掷了出去，他一共掷准了7颗！

店主和另外两个小伙伴都惊呆了！——这几乎是个依靠运气取胜的游戏，好运为什么会一连7次降临在他头上？

"恭喜你，小伙子，你赢了，可是你能告诉我，你胜出的诀窍是什么吗？"店主说。

小男生眨了眨眼："本来这比赛是完全靠运气的，不是吗？但为了赢得运气，我一晚上没睡觉，都在练习投掷。我想，如果不做任何练习，10次中掷准一次，就算是运气最好的了，但做过训练以后，即使运气最坏，10次中也应该能掷准一次，不是吗？"

要完成某项工作，需要的是技术；而要努力使它变得完美，则是一门艺术；事业的成功，有运气的成分在里面，但勤奋却能使好运更容易降临。

人的力量和才能，只有在不断地运用中才能得到发展。如果你只付出了一半的努力，并就此满足，那么你就浪费了另一半才能。

如果你认为自己完全可以从事更重要的工作，而现阶段你的工作又微不足道，那么你完全不必为此感到伤心和烦躁，你要知道，如果你具备非凡的才能和卓越的品质，不管你的地位多么卑微，终有一天会出人头地。

所以，别再抱怨！当抱怨成习惯，就如喝海水，喝得越多渴得越厉害。最后发现，走在成功路上的都是些不抱怨的"傻子们"。世界不会记得你说过什么，但一定不会忘记你做过什么！无论处于何种境地，无论我们所从事的事业是多么琐碎，一旦承担下来，就要把它做精、做好，这是生存的准则。要知道，只有在小事上细心勤勉的人，才能被委以重任；只有竭尽全力投身于工作之中，不断超越、完善自身能力的人，才有进一步发展和提升自己的空间。

2. 学会向上营销

"向上营销"并不是一个新概念，它是一种思维，需要我们将自己想象成老板，也就是你的老板。这个时候，你将不再是打工仔，你要想老板之所想，思老板之所思，急老板之所急。

朋友James最近被提升为行政总监，几个平时走得近的朋友在酒店摆了一桌，为他庆祝。推杯换盏之间，有位哥们儿问起了他的升官经，James也不避讳，坦诚相告：把自己想成你的老板。

他是怎样做的呢？据他说：

| 第五章　抓住机遇，把它变成美好的未来 |

当老板思考如何与竞争者角逐的时候，他就会把那家企业尽量了解个透彻，并在合适的时机适当地向老板提出一些自己对竞争对手的看法，而且说得有理有据，思路和结论样样精辟；

当老板思考员工培训的问题时，他又去向一些认识的培训师取经，然后从各个角度为老板提供合理化建议；

当老板考虑如何降低成本时，他就开始研究公司的运作流程，迅速拿出一套可行性的、可提升效率、降低成本的策划方案；

总之，他总是能够与老板亦步亦趋，用坊间的话来说，就跟老板肚子里的蛔虫一样。久而久之，老板对他越发侧目、越发赞赏、越发器重了。

老板都喜欢能够为自己分忧的人，你具备老板一样的心态，做了很多老板的行为，那么自然而然会成为管理者，因为这些都是管理者必备的素质，而你通过自己的行为已经让老板认识到：你能够在那个岗位上做得很好。

我们常看到有些人，将频繁跳槽当作本事，将偷奸耍滑视为能耐，老板在时一个样，老板不在又是一个样。敷衍了事，文过饰非，缺乏起码的责任心和敬业精神。这样的人是不会有大出息的。因为他们不具备老板的心态。

老板心态就是要这样：我在这个企业工作，这个企业就是我的，我就是这里的老板。当然，这不是说我们要去哪个企业上班之前，先买它几千股的股份，成为名副其实的老板，而是形成一种主人翁意识，把工作当成事业来做。

一位报社总编在给新员工做培训时，每次都要说这么一段话：记者的24小时都是报社的。他的意思是说，从成为记者的那一刻起，你身边发生的任何事情都可能是报社的新闻素材，你必须随时举起手中的相机,为报社录音、采写相关的内容。这是一种基本的职业素养,也是职业有所突破的必备素质。

谭丁是沃尔玛(中国)投资有限公司的总商品经理。在1995年沃尔玛(中国)投资有限公司开始筹备的时候,她就加入了这个世界零售业巨头的团队。当时,谭丁做的是采购工作,刚从上海交大毕业的她对此一窍不通,工作之中困难不断。但是,她始终给自己一个积极的暗示,她甚至就把自己想象成山姆·沃尔顿,而且认定自己的工作就是随时为公司争取到最大的利益。

正因为有了这种老板心态,她边学边做,不遗余力,经验日渐丰富,逐渐掌握了谈判的要诀和技巧,终于打开了采购工作的局面,受到了上司的赏识。就这样,她从一个普通采购员被提升为助理采购经理,然后是采购经理,一路青云直上,直到现在的总商品经理。现在,她又被列入沃尔玛的TMAP计划培训,这个培训计划的目标就是培养企业接班人,可能是上一级主管,也可能是更高的管理者。同事们都认为谭丁前途无限。

能把自己想象成老板,具备老板一样的心态,你就能够成为老板信赖的人、乐于接受的人,进而被他认定是可托大事的人。道理很简单,换位思考一下你就会明白:如果你是老板,你是不是也希望员工能够和自己一样,设身处地地为公司考虑,想公司之所想,急公司之所急,积极主动地将公司的事情当作自己的事业来做?

大部分卓越职业经理人都是这样做起来的,他们总是在老板面前率先思考,使老板轻松化甚至干脆"残疾化",逐渐对其产生依赖。什么时候老板非他不可了,他的向上营销策略也就彻底成功了。不过我们还看到一些人，他们做起事来也能尽职尽责，但仅限于本职工作，不善于多走一步，不知道为老板考虑，这类人工作的态度无可厚非，但情商着实有些拙计。

从这个角度上说，所有的"怀才不遇"其实都源于自我意识的懈怠，所以在愤愤不平之前请先问问自己：这些年我取得了什么实质性的成绩？对公司做出了什么贡献？公司的未来将朝着哪个方向发展，我能在这里面起到什么作用？然后把自己想象成老板，站在他的高度上去处理工作，你的热忱与付出一定会得到相应的回报。

3. 多做一点，机会就多一点

在职场上折腾，仅做好本职工作是远远不够的，要想在竞争中脱颖而出，要想快速地提升自我，你就要记住——每天再多做一点事。

诚然，你没有义务去做职责范围以外的事，但你要选择自愿去做，这是驱策自己快速前进的动力。率先主动是一种极为珍贵、备受看重的素养，它能使人变得更加敏捷、更加积极。无论你是管理者，还是普通职员；是亿万富豪，还是平头百姓，每天多做一点，你的机会就会更多一点。每天多做一点，也许会占用你的时间，但是，你的行为会使你赢得良好的声誉，并增加他人对你的需要。

社会在发展，公司在成长，竞争愈演愈烈，个人的职责范围亦随之扩大。不要总以"这不是我分内工作"为由,逃避责任。当额外的工作分配到你头上时,不妨将之视为一种机遇。

对艾伦斯一生影响深远的一次职务提升是由一件小事情引起的。一个星期六的下午,一位律师走进来问他,哪儿能找到一位速记员来帮忙——手头有些工作必须当天完成。

艾伦斯告诉他,公司所有速记员都去观看球赛了,如果晚来五分钟,自己也会走。但艾伦斯同时表示自己愿意留下来帮助他,因为"球赛随时都可以看,但是工作必须在当天完成"。

做完工作后,律师问艾伦斯应该付他多少钱。艾伦斯开玩笑地回答:"哦,既然是你的工作,大约800美元吧。如果是别人的工作,我是不会收取任何费用的。"律师笑了笑,向艾伦斯表示谢意。

艾伦斯的回答不过是一个玩笑,并没有真正想得到800美元。但出乎艾伦斯的意料,那位律师竟然真的这样做了。6个月之后,在艾伦斯已将此事忘到了九霄云外时,律师却找到了艾伦斯,交给他800美元,并且邀请艾伦斯到自己公司工作,薪水比现在高出800多美元。

一个周六的下午,艾伦斯放弃了自己喜欢的球赛,多做了一点事情,最初的动机不过是出于乐于助人的愿望,而不是金钱上的考虑。艾伦斯并没有责任放弃自己的休息时间去帮助他人,但那是他的一种特权,一种有益的特权,它不仅为自己增加了800美元的现金收入,而且为自己带来一项比以前更重要、收入更高的职务。

每天多做一点,初衷也许并非为了获得报酬,但往往获得得更多。

要想折腾出个样子来，就必须树立终身学习的观念。既要学习专业知识，也要不断拓宽自己的知识面，一些看似无关的知识往往会对未来起巨大作用。而"每天多做一点"则能够给你提供这样的学习机会。

提前上班，别以为没人注意到，老板可是睁大眼睛在瞧着呢！如果能提早一点到公司，就说明你十分重视这份工作。每天提前一点到达，可以对一天的工作做个规划，当别人还在考虑当天该做什么时，你已经走在别人前面了！

我们不应再有"我必须为老板做什么"的想法，而应多想想"我能为老板做些什么？"一般人认为，忠实可靠、尽职尽责完成分配的任务就可以了，但这还远远不够，尤其是对于那些刚刚踏入社会的年轻人来说更是如此。要想取得成功，必须做得更多更好。一开始我们也许从事秘书、会计和出纳之类的事务性工作，难道我们要在这样的职位上做一辈子吗？成功者除了做好本职工作以外，还需要做一些不同寻常的事情来培养自己的能力，引起人们的关注。

如果你是一名物流公司管理员，也许可以在发货清单上发现一个与自己的职责无关的未被发现的错误；如果你是一名邮差，除了保证信件能及时准确到达，也许可以做一些超出职责范围的事情……这些工作也许是专业技术人员的职责，但是如果你做了，就等于播下了成功的种子。

付出多少，得到多少，这是一个众所周知的因果法则。也许你的投入无法立刻得到相应的回报，也不要气馁，应该一如既往地多付出一点。回报可能会在不经意间，以出人意料的方式出现。最常见的回报是晋升和加薪。除了老板以外，回报也可能来自他人，以一种间接的方式来实现。

做一点分外工作其实也是一个学习的机会，多学会一种技能，多熟悉一种业务，对你是有利无害的。同时，这样做又能引起老板对你的关注，何乐而不为呢？

4. 信息时代，信息就是机遇

21世纪，"信息"成了各种书籍与媒体使用频率最高的词汇之一，"信息化浪潮"、"信息经济"、"信息技术"等词语不断闪现在我们眼前。在人们的交往过程中，拥有信息的多少已然成为机会和财富的象征，掌握信息的人往往显得更有能力，易成为人们瞩目的焦点。因为有了信息的积累，思路就会随之拓宽，就有可能掌握到更多的知识。

"信息爆炸"给人们带来了无穷的机会，可以说在当今社会中，谁获取的信息最多，谁就是这个社会的成功者。因为每一条信息会为我们开启一扇机会之门，使我们通向成功。

希尔在16岁时，已决定不再向家里要钱，自己开始挣钱了。一天他在大街上散步，看中一辆标价185美元的双人敞篷汽车，而这笔钱对他不是个小数目。突然他想起两天前曾在一幅广告中看到一家工厂找人送圣诞糖果的启事，现在买下这辆车，不正好去应聘那份工作吗？想到这里，他马上找到哥哥借了钱，买下了这辆车，并立即与那家工厂联系，接手了那份工作，为一位富商送圣诞糖果。两周后，他还清了哥哥的钱，自己也有了些小钱。第一次生意给他很多启示，他认识到，只要留心生活中的每一个小的现象，并利用好这种很小的信息，再加上努力工作，就能获得大多数自己想要的东西。

希尔在大学学习期间，父亲让他帮忙管理一个濒于破产的制药厂，同时父亲要求他不要放弃学业，将经商与学习结合起来。他接受了这个充满挑战的机会。18岁的他贷款买下了药厂合伙人的全部股份，掌握了药厂的实权，同时，大胆改革药厂的经营方针。经过一番苦心经营，在大学毕业前，他已是拥有百万美元的大学生富翁了。

也许有人认为，我们远不如那些商业巨子聪明，对信息也不如他们敏感，面对信息社会甚至有些无所适从。其实，这都是次要因素，每个人的智商都差不多，事在人为，只要方法得当，我们就不会再感到茫然，我们也能拥有敏锐的眼光，在沙子中找到金子。我们生活在这样一个信息社会，应该学会培养自己接收信息和处理信息的能力，为自己铺设多条成功的道路。

在充满信息的社会中，对信息的收集与整理是一个学习过程。当我们的知识积累到一定程度之后，我们就会具有不同寻常的理解力和智慧，就可以透过现象抓住本质。信息也就是平时积累的材料，通过我们不断地积累，再与生活两相对照，我们就会发现哪些材料有价值，哪些是毫无用处的，这样信息就成了我们的有用资源。所以，收集信息是很关键的一步。

当信息储存到一定程度的时候，我们要注意它们的相关性，也许单个的信息没什么用处，一结合起来，就有了很高的价值。这就要对收集来的信息进行分析，这不但是一个清理思路的过程，有时甚至可以发现信息外的一些信息，使我们获得意想不到有价值的信息。

如果我们主观上缺乏准备，头脑中完全没有捕捉信息这根弦，那么就是有用的信息送到你的面前，也会白白地溜掉。我们常见到这样的情形：有些人天天看报纸、听广播、看电视，但是他们从未发现任何有价值的信息。他们对信息毫不敏感的原因，在于缺少捕捉信息的意识和紧迫感，通常也懒于去整理自己每天所看到的信息。所以，我们必须树立常抓不懈，多方收集信息的意识，使自己成为捕捉信息和机遇的有心人。

但信息本身千姿百态，有的属于虚假的表象，能阻挡一般人的视野；有的属于无关紧要的细枝末节，容易被一般人所忽视，我们应该保持清醒的头脑、学会辨真识伪，让信息为己所用，才能有助于我们拓宽思路。

5. 风险越大，越有勇气

"你若失去了财产，你只失去了一点；你若失去了荣誉，你就丢掉了许多；你若失掉了勇气，你就把一切都失掉了。"勇气是人类最重要的一种特质，如果有了勇气，人类的其他特质自然也就具备了。

这世界上有一种人不会有大出息，就是那些树叶掉下来都怕砸脑袋的胆小鬼。诚然，谨慎没有什么不好，但太过谨慎，做什么事都如履薄冰、战战兢兢，不具备丝毫挑战的勇气，就会失去改变命运的机遇。

冒险是每个人都无法逃避的生存法则，在我们的成长经历中，要经过无数次的冒险：幼儿时期，我们敢冒险地站起来学走路；年纪稍长时，冒险学骑自行车；如果有条件，有人还冒险学开汽车，学游泳、学跳伞……那些成功的人，都是靠着挑战他人所畏惧的事物才得以出人头地的，勇气是他们精神的后盾。成功与财富，甚至你想拥有的每一样东西，每一项技能都不是与生俱来的，要得到这些，一定要经过冒险的阶段，并发挥"越失败，越勇敢"的精神，尝试，再尝试，才可能获得。

面对机遇与风险的抉择，聪明人从来不会放弃搏击的机会，在"无利不求险，险中必有利"的商战中更是如此。洛克菲勒当然更是深谙此中之道，他曾说："我厌恶那些把商场视为赌场的人，但我不拒绝冒险精神，因为我懂得一个法则：风险越大，收益越高。"

在投资石油工业前，洛克菲勒的本行——农产品代销正做得有声有色，继续经营下去完全有望成为大中间商。但这一切都被他的合伙人安德鲁斯改变了。安德鲁斯是照明方面的专家，他对洛克菲勒说："嘿，伙计，煤油燃烧时发出的光亮比任何照明油都亮，它必将取代其他的照明油。想想吧，那将是多么大的市场，如果我们的双脚能踩进去，那将是怎样一个情景啊！"

洛克菲勒明白，机会来了，放走它就会削弱自己在致富竞技场上的力量，留下遗憾。于是毅然决然地告诉安德鲁斯："我干！"于是他们投资4000美元，做起了炼油生意。尽管那个时候石油在造就许多百万富翁的同时，也在使更多的人沦为穷光蛋。

洛克菲勒从此一头扎进炼油业，苦心经营，不到一年的时间，炼油就为他们赢得了超过农产品代销的利润，成为公司主营业务。那一刻他意识到，是胆量，是冒险精神，为他开通了一条新的生财之道。

当时没有哪一个行业能像石油业那样能让人一夜暴富，这样的前景大大刺激了洛克菲勒赚大钱的欲望，更让他看到了盼望已久的大展宏图的机会。

随后，洛克菲勒便大举扩张石油业的经营战略，这令他的合伙人克拉克大为恼怒。在洛克菲勒眼里，克拉克是一个无知、自负、软弱、缺乏胆略的人，他害怕失败，主张采取审慎的经营策略。但这与洛克菲勒的经营观念相去甚远。"在我眼里，金钱像粪便一样，如果你把它散出去，就可以做很多的事，但如果你要把它藏起来，它就会臭不可闻。"洛克菲勒是这样想的。

克拉克不是一个好的商人，他不懂得金钱的真正价值，已经成为洛克菲勒成功之路上的"绊脚石"，必须踢开他，才能实现理想。但是，对洛克菲勒来说，与克拉克先生分手无疑是一场冒险。因为在那个时候，很多人都认为石油是一朵盛开的昙花，难以持久。一旦没有了油源，洛克菲勒的那些投资将一文不值。但洛克菲勒最终还是决定冒险——进军石油业。

后来，洛克菲勒回忆说："我的人生轨迹就是一次次丰富的冒险旅程，如果让我找出哪一次冒险对我最具影响，那莫过于打入石油工业了。"事实证明，洛克菲勒凭着过人的胆识，抱着乐观从容的风险意识，知难而进，逆流而上，赢得了出人意料的成功——他21岁时，就拥有了科利佛兰最大的炼油厂，已经跻身于世界最大炼油商之列。

这种敢于冒险的进取精神是洛克菲勒成功的又一重要因素，他曾告诫自己的儿子说："几乎可以确定，安全第一不能让我们致富，要想获得报酬，总是要接受随之而来的必要的风险。人生又何尝不是这样呢。没有维持现状这回事，不进则退，事情就是这么简单。我相信，谨慎并非完美的成功之道。不管我们做什么，乃至我们的人生，我们都必须在冒险与谨慎之间作出选择。而有些时候，靠冒险获胜的机会要比谨慎大得多。"

我们既然选择了去折腾，自然就希望能够抓住机会折腾出一个样子，遗憾的是，有很多人都在坐等机遇的来临，并且胆小怕事，不敢行动。殊不知，机遇不会眷顾懒汉和懦夫，只有敢于冒险、积极进取的人才能把握机会，赢得成功。

当然，冒险精神也并非与生俱来，但我们可以培养它，用一些积极的心理暗示给予自己热情与活力，给予自己向一切挑战的勇气。

（1）想象自己带着某种使命。

人生观直接影响着人对事物的看法。如果说我们能够树立一种正确的人生观，以服务大众为己任，将个人融入社会之中，这样"无私便能无畏"，面对任何事情我们也就都能泰然处之。

（2）告诉自己："我必须！"

世界潜能激励大师、第一成功导师安东尼·罗宾在做励志演讲时曾说过这样一段话，看起来对我们很有帮助，他说：

如果你想要过一种充满激情的生活，你就必须学会让勇气扩散。这意味着：当"我不行"的时候，你需要立刻告诉自己"我必须"。第一次听说这个主意是在我16岁那年，从一个亲戚那里，那时我问他"这是不是意味着如果我不敢跳下悬崖，我也必须去做？"他回答"不是要你去做蠢事，这个主意的意思在于，如果你发现自己告诉自己做不了某件事，而其实你在内心深处知道如果你真正做到的话，就会获得成长，就会变得更美好，就会给家人朋友以贡献，但同时你却还是一直告诉自己你做不到，那么，毫无疑问——你必须去做。不需要再去讨论是否可行，就立刻采取行动就好"。我问道："那样看起来可不是安全舒适的生活啊？"他回答："如果你想要绝对的安全和舒适，去监狱待着吧，但如果你想要丰富的人生，立刻行动起来吧！"

（3）强迫自己直面恐惧。

我们要去习惯那些令我们产生恐惧的东西，不管它是实物还是某些困难，要敢于去触碰它，挑战它。当我们习惯直面恐惧以后，我们就会发现"凡此种种，不过如此"。有个寓言故事，很能说明问题，大家一起去看一下：

野鸡同家鸡一起出去玩，被一条小河拦住了去路。野鸡轻展双翅飞了过去，家鸡却不敢。

野鸡在对岸不断鼓励，家鸡还是鼓不起勇气，它泄气地说："我从没飞过这么远，肯定不行。你自己去玩吧。"

野鸡突然紧张地大声说道："不好！你身后有狼，快飞过来！快！"

家鸡大吃一惊，吓得腾空而起，翅膀扑棱了几下便飞过了河，落在野鸡身旁。再回头一看，什么也没有。

最后，你一定要学会临危不乱。千万不要一遇危险就惊慌失措、六神无主，其实危急时刻往往是引爆本能的最佳时刻。危急时刻很少会超过24小时，但是，正是你在这短短24小时之内的反应和行动就能决定整个事件的形势和命运。

一个人如果不敢向高难度挑战，就是对自己潜能的画地为牢。这样只能使自己无限的潜能得不到发挥，白白浪费掉。这时，不管有多高的才华，工作上也很难有所突破，职场上遭遇挫折更不是什么新鲜事。

我们无所突破，也许不是缺乏克服困难的能力，而是缺乏克服困难的勇气。可能我们今天已经变得木讷而保守，如果是这样，就要重新拾回往日的激情与勇气，激发冒险的本能。一般情况下，风险越大，回报也就越大。

6. 机会面前，出手要快

其实，人的一生，能够斗志昂扬、精力充沛的黄金段并不多，与其年迈时空叹韶华白头、精力不再，不如怜取眼前时机，将遗憾从生命中彻底赶走。聪明人都很清楚，一次机遇对于一个普通人而言，是何等宝贵、何等重要！所以当机遇来临时，他们从不犹豫，伺机而动，一击即中，因而机遇也成就了他们。

那些成功之士之所以能够成功，很大程度上取决于他们雷厉风行的性格。他们在机遇面前果敢无畏，该出手时就出手。诚然，他们也会有犯错之时，但即便如此，亦不知强过那些犹豫不决之人多少倍，因为他们出手的次数越多，能够抓住的机会也就越多，成就自然也就越大。而那些失败者失败的原因，则主要在于他们不具备辨别机遇的能力，更别谈驾驭机遇的手段。兵法有云："用兵之害，犹豫最大也。"细细思量，人生又何尝不是如此呢？所谓"机不可失，时不再来"。犹豫不决的直接后果，就是导致你在人生的竞技场上折戟沉沙。事实上，雷厉风行的性格、"一剑封喉"的手段，俨然已经成为当代人成功的秘诀之一。

李嘉诚在创业之初，就显示出他果断、干练的做事风格，这在他的财富积累过程中起到了决定性的作用。

20世纪50年代中期，欧美市场兴起塑料花热，家家户户及办公大厦都以摆上几盆塑料制作的花朵、水果、草木为时髦。面对这种千载难逢的商机，李嘉诚当机立断，丢下其他生意，全力以赴投资生产塑料花，并一举建立了世界上最大的塑料花工厂"长江塑料花厂"，李嘉诚也因此而被誉为"塑料花大王"。20世纪60年代初期，在大家仍然看好塑料花生产的时候，李嘉诚却预感到塑料花市场将由盛转衰，于是立即退出塑料花，避开了随后发生的"塑料花衰退"的大危机。

接着他注意到香港经济起飞，地价将要跃升，于是开始关注房地产业。他迅速投资购买大量土地，并在激烈的竞争中凭借自己的果敢，一举击败了素有"地产皇帝"之称的英资怡和财团控制下的置地公司，创造了房地产业"小蛇吞大象"的经典案例。李嘉诚也

在这场房地产大战中积聚了巨额的财富。

后来,有人在总结李嘉诚成功的经验时,将之归结为:反应敏锐,果断处事;能进则进,不时则退。

而李嘉诚也因为自己处事果断,在香港及亚洲经济界获得举足轻重的地位。李嘉诚的成功,其果断决策起了决定性的作用。

回顾李超人这条成功之路我们不难看出,机遇更加眷爱那些目光独到、有能力掌控自身命运的人。一如开篇所说,我们的黄金期本就不多,根本不允许去浪费,所以一旦机遇出现,只要看准了就别犹豫,要像猎鹰一样一击即中。

当然,这里说的"该出手时就出手",并不是指轻率冒进、意气用事,而是指经过"三思"之后的当机立断。

想好就干,神速出击,这是值得任何一个现代人深深体会和借鉴的。那么,我们怎样才能果断地作出决定呢?大家可以试着这样去做:

(1)已经作出的决定,就不要反复。

我们一旦作出了某个决定或是确定了某一目标,就应该想法在现有的条件下促进成功,而不是一再怀疑自己所作的决定正确与否。

(2)必要时,也要"一意孤行"。

诚然,我们的确应该适当听取一下别人的意见,博取众长以为己用,但我们却不能因此而束缚了自己的思维。有些时候,可能有人甚至是大多数人都不同意某件事,而你却对此十分向往,你认为这样做应该是对的,那么你大可以坚定自己的立场。

(3)淡定取舍,权衡利弊。

我们的生活中充满了选择,有时会觉得两种选择各有利弊,难以作出决断。在这种情况下,我们需要遵循的守则就是"两利相权取其大，两害相衡取其轻"。孟子曾经说过："鱼我所欲也，熊掌亦我所欲也，二者不可得兼，舍鱼而取熊掌者也。"假如说我们什么都不想舍、什么都不愿放，就那样迟疑不决，则很可能我们不仅会失去鱼，还会失去熊掌。

我们需要努力训练自己在做事时当机立断的能力，就算有时会犯错误，也比那种犹豫不决、迟迟不敢作决定的习惯要好。成千上万的人虽然在能力上出类拔萃，却因为犹豫不决的行动习惯错失良机而沦为平庸之辈。当机遇来临时，我们就要迅速地抓住它，尽快用行动滋养它，让它生根发芽蜕变为成功。

7. 随机应变，见机行事

在我们确定目标以后，其次便是要判断自己的目标可行与否。为此，你必须确认实现目标所需的时间、财力、人力，等等。你必须明白，我们的选择唯有通过验证，才能预测出目标的现实性。一旦你发现自己的目标背离了现实，就要及时加以修正。

在这个世界上，事物的发展充满着变化和不确定因素，而当事物发生变化时，只有那些随着时间、地点、主客观条件等因素的变化而机智地作出相应选择的人，才能掌握主动，把握成功的机会。

享有"万能博士"美誉的哈默出生于美国的一个医生家庭，从小就显示出极高的经商天赋。他18岁时接管了父亲经营的濒临破产的制药厂，通过一番大刀阔斧的改革，在极短的时间内使其扭亏为盈，因而名声大噪。当时，他正在哥伦比亚医学院就读，成为全美唯一的百万富翁大学生。

1921年，苏联正流行瘟疫，饥荒严重。这个消息被哈默知道后，他便毅然放弃当医生的机会，赴苏联做一次人道主义者。他带领一所流动医院，包括一辆救护车和大批药品，长途跋涉，历尽艰辛，抵达莫斯科，将带去的价值10万美元的医疗设备无偿赠给苏联人民。

就是在这次活动中，他发现了一个发财的好机会，使他从人道主义者变为沟通东西方的商人。他来到乌拉尔山地区时，看到饿殍遍野，令人毛骨悚然。然而，白金、绿宝石应有尽有，各种矿产和毛皮也堆积如山。"为什么不出口这些东西去换粮食呢，当时的美国粮食大丰收，价格大跌。"善于理财的哈默突发奇想，他马上向当地的苏维埃政府提出了这条建议，愿意以赊销的方式提供给苏联价值100万美元的小麦。

消息传到莫斯科，列宁一方面对哈默的胆识表示赏识，另一方面果断改变了过去对待西方国家的贸易态度，并顶住了当时党内"宁可饿死也不卖国"的"左"倾思潮的压力，很快发出指示让外贸部门确认这笔贸易。哈默立即打电报给他在美国的哥哥哈里，带来100万蒲耳小麦，并从苏联拉走了价值100万美元的毛皮和一吨西方早已绝迹的上等鱼子酱。粮食解决了苏联的饥荒，哈默也从此开了苏联对美国贸易开放的先河。但世事无常，1929年，苏联实行企业国有化，取消租让制，哈默的企业被政府收购。他只好带着无限遗憾携妻离开苏联，回到美国。

回到纽约后，正赶上20世纪30年代美国经济萧条，他的生意很不景气，真可谓生不逢时。但是，哈默总能随机应变搞经营。正像他自己所说："我并不常常回忆过去的好事，而总想着现在和将来要干些什么。"正是因为他能面对现实，才能不断抓住机遇、创造机会。这一回，他又灵机一动，将他在苏联收购的古董和艺术品拿到各大商场展览。在路易斯一家公司展销的第一个星期，展厅平均每天接待2000人次，收入高达几十万美元。

接着，哈默又在各大城市举办了23次展销，他的艺术品买卖就像旅行的马戏团一样令人眼花缭乱，掀起一次又一次艺术品拍卖的高潮。他还先后在纽约和洛杉矶办起艺术馆，一面展览一面从事文物买卖。由于这些艺术品非常名贵，他的艺术馆轰动一时。在短短3年间，哈默又成了一个古董商。他还专门撰写了一本书，题为《罗曼诺夫王朝珍宝寻觅记》，因而成为杰出的文物专家。此后，他还当过牧场主、企业家，都非常成功，他随机应变的能力令全美国人都目瞪口呆、羡慕不已。

哈默以"万能"著称于世，其实他的"万能"就在于随机应变，出奇制胜。这是很值得我们学习的地方，现代社会是一个瞬息万变的世界，没人会知道下一秒会发生什么变化，所以你必须具备随机应变、见机行事的能力，只有这样才不会被牵着鼻子走，才能使自己始终掌握主动权，立于不败之地。

其实只要你毅力够强，并能随机调整目标，实现目标就不会再困难。须知，几乎每一位成功者都懂得审时度势，随时确认自己的目标是否存在偏差，并及时做出相应调整，他们会掌握机遇走向，让自己不断地接近成功。选择→调整→成功，相信在这一过程中，你一定也能够得到更多快乐，体会到人生的真正意义。

第六章
越做事，脑子才越开窍

脑子越用越活，思想懒惰了，就会反应迟钝。越做事，你的视野就会越宽阔；越做事，你的嗅觉就会越敏锐；越做事越开窍，越开窍越明白。当你在做事的过程中颠覆了现在的思维方法，用一种成功人士的心态去思考、去追求你想要的一切时，你就会觉得什么事情都没有难度了。

1. 想成功，就要有创造力

"创新"这个词汇如今在世界范围内使用的频率都非常高，我们的领导者、我们的导师，包括我们自己都对此念念有词。但很多人可能并不知道，"创新"一词出现得非常早，英文"Innovation"起源于拉丁语，它原意有三：一、更新；二、创造新东西；三、改变。为什么要更新？为什么要改变？为什么要创造？因为这个世界时时都是在变的，往大了说，没有个人独创性和个人志愿的统一规格的人所组成的社会，将是一个没有发展可能的、不幸的社会；往小了说，无论是企业还是个人，倘若不懂得自我更新，那么就一定会被时代的潮流所淘汰，用彼得·德鲁克的话说就是："不创新就死亡！"

以72亿美元收购诺基亚手机业务的微软公司宣布，将在未来1年内裁员1.8万人，这是新任CEO纳德拉掌舵以来首次裁员，也是微软近4年来最大规模裁员。这次裁员主要针对诺基亚手机业务部门。裁员规模达1.25万人，占此次裁员比重的70%以上。

诺基亚功能机将彻底消失，再见了，我们用过的功能机。诺基亚萌芽阶段的Android手机业务，NokiaX，也被叫停。微软让Nokia致力于WindowsPhone，作为微软移动领域的核心战略。诺基亚，

GSM功能手机时代唯一的霸主,将黯然退场。

落后就要挨打,挨打还不算完,还不给饭吃,诺基亚尝到了不创新的苦果。当年人们以有一部诺基亚手机为荣,诺基亚各种类型的手机占领了人们的口袋。

俗话说"今天不努力,明天去种地"。为什么手机行业天天更新硬件软件,因为这一领域竞争太激烈了。

诺基亚现任CEO约玛·奥利拉在记者招待会上公布同意微软收购时最后说了一句话:"我们并没有做错什么,但不知为什么,我们输了。"说完,连同他在内的几十名诺基亚高管不禁落泪。

再大的公司,如果没有跟上时代的趋势,不创新,也只能没落。你没有做错什么,时代也没有做错什么,但一旦跟不上时代就会被淘汰。

就我们个人而言,对于创新的理解可能并不像企业家、经济学家那样深奥,但我们同样应该把它融入生活中。创造力的作用,就在于它能够改善我们的工作、生活质量,巩固我们的竞争地位,对于我们的人生层次产生根本的影响。

按哲学思想来说,如果要给人生的最高层次定一个标准,那应该是在不断突破中到达自己人生价值的顶点。一个个体可以有很多种活法,但要想避免平庸,就要最大限度地挖掘自身潜能,不断寻找人生中新的突破口,在突破中让自己的人生层次步步升高。

英国有个叫吉姆的小职员,每天坐在办公室里抄写东西,常常累得腰酸背痛。他消除疲劳的最好方法,就是在工作之余去滑冰。不过,如果是在冬季,找个滑冰的地方的确容易,可在其他季节,吉姆就没有这样的机会了。

怎样才能在其他季节滑冰呢？钟爱滑冰运动的吉姆一直在思考这个问题。经过一段时间的冥想，吉姆将脚上穿的鞋和能滑行的轮子这两种形象组合在了一起，经过反复设计和试验，一种"能滑行的鞋"面世了，没错，这就是我们四季都在玩耍的"旱冰鞋"。

其实现在看来，"旱冰鞋"的原理并不难懂，只是在吉姆之前，人们并没有注意到这个"好点子"，对创意的忽略使我们的大脑日益麻木，是我们给自己设置了思维的绊脚石。我们的大脑常常陷入这样的模式：

（1）太过强调用逻辑去分析问题，只用垂直思考方法及着重语言思考。

（2）一开始便替问题下一个定义，往往因此而令思路太狭窄。

（3）喜欢用一些所谓"正统"的看法去看问题，遵循既有的规则去办事，并为以往的经验所限。

（4）认为每个问题都有一个标准的答案，因此只喜欢向一个方向找答案，不能想出多个解决方案。

（5）过早下结论。

（6）抗拒改变，不愿承认改变是生活的一部分。

（7）经常批评新尝试或建议。这种错误的思维方法要注意克服。

这就很容易解释：为什么同样的事情，一个人千方百计办不成，另一个人却能轻而易举解决掉。就是因为创造力的差别，创造力的差别会使命运大不相同。

那么，我们又如何有意识地培养自己的创造力呢？

这就要求我们必须学会用两种方法思考问题。我们可以做这样一个比喻，假若思考是一部大车，那么逻辑思维和非逻辑思维就是这部车的两个轮子，想要这部车子前进，两个轮子就必须协调运转起来。换言之，在思考的过程中，我们要将非逻辑思维运用在有待创新的问题上，从而提出新设想、打通新思路，其作用主要在于摸索、试探，冲破传统的束缚，打破常规束缚；而要将逻辑思维运用在对新设想、新思路的整理和筛选上，以此归纳出一个解决问题的最佳方案，其主要作用在于检验和论证。

另外，我们还可以在自己的头脑中建立一种"企业家精神"，促进创造力的活跃度。具体方法如下：

（1）在头脑中建立"私人王国"。

让自己存有一种梦想和意志，在大脑中要去找到一个"私人王国"，或者说是属于"我"的王朝。这对于没有其他机会获得社会名望的人来说，具有特别强烈的引诱力。

（2）困难过滤。

像播放幻灯片一样，将"改变"可能遇到的困难过滤一遍，唤醒你的意志力。我们"在自己熟悉的循环流转中是顺着潮流游泳，如果想要改变这种循环流转的渠道，就是逆潮流游泳。从前的助力现在变成了阻力，过去熟悉的数据，现在变成了未知数"。"需要有新的和另一种意志上的努力，去为设想和拟订出新的组合而搏斗，并设法使自己把它看作是一种真正的可能性，而不只是一场白日梦"。

（3）体会创造的快乐。

想象一下，"创造的欢乐，把事情做成的欢乐，或者只是施展个人能力和智谋的欢乐。这类似于一个无所不在的动机——寻找困难，为改革而改革，以冒险为乐事。"创新者典型的反享乐主义者。

（4）升华对胜利的认知。

创新者都"存在征服的意志；战斗的冲动；证明自己比别人优越的冲动。他求得成功不仅是为了成功的果实，而是为了成功本身"。物质是次要的考虑，而是"作为成功的指标和胜利的象征才受到重视"。

通过这些，我们可以唤醒自己的创造力潜能，时刻督促自己进行变化、进而创造，这能保证我们在竞争中时刻处于领先的位置。

2. 创造的关键是不能盲从

当我放弃自己的立场，而想用别人的观点去看一件事的时候，错误便造成了。一个人，只要认为自己的立场和观点正确，就要勇于坚持下去，而不必在乎别人如何去评价。这是很重要的一点，也可以说是人生成功的秘诀。不相信吗？曾有人向一位商界奇才询问成功秘诀。

"如果你知道一条很宽的河的对岸埋有金矿，你会怎么办？"商人反问他。

"当然是去开发金矿。"事实上这是大多数人都会不假思索给出的答案。

商人听后却笑了："如果是我，一定修建一座大桥，在桥头设立关卡收费。"

听者这才如梦初醒。

这就是独立的思维方式，在任何时候都有自己的主见，不从众、不盲从，没有这种守持，事业根本无从谈起。退一步说，众人观点各异，大家七嘴八舌，我们就算想听也无所适从，其实最明智的方法是把别人的话当作参考，坚持自己的观点按着自己的主张走，一切才会处之泰然。

20世纪60年代，每个田径教练都这样指导跳高运动员：跑向横竿，头朝前跳过去。理论上讲，这样做没错，显然你要看着跑的方向，一鼓作气全力往前冲。可是有个名叫迪克·福斯贝利的小鬼，他临跳时转身搞了个花样，用反跳的方式过竿。当他快跑到横竿时，他右脚落地，侧转身180°，背朝横竿鱼跃而过。《时代》杂志上称之为"历史上最反常的跳高技法"。当然大家都嘲笑他，把他的创举称为"福斯贝利之跳"。还有人提出疑问，"此种跳法在比赛中是否合法"。但令专家懊恼的是，迪克不仅照跳他的，而且还在奥运会上"如法炮制"一举获胜。而现在，这已是全世界通行的跳法。

坚持一项并不被人支持的原则，或不随便迁就一项普遍为人支持的原则,都不是一件容易的事。但是,如果一旦这样做了,你就能体现出自己的价值,甚至还会赢得别人的尊重。

现在,我们生活在一个充满专家的时代。由于大家已十分习惯于依赖这些专家权威性的看法,所以逐渐丧失了对自己的信心,以至于不能对许多事情提出自己的意见或坚持信念。这些专家之所以取代了人们的社会地位,是因为是我们让他们这么做的。

我们应该改变这种状态,你的人生不应该由别人来指手画脚,我们甚至可以把自己想象成上帝,想想由自己来设计人生和世界会是什么样?有很多问题,别人说不可以这样,或者以目前的条件不好解决,很多人就不敢碰,但这可能就是我们生活的转折点。你需要从高处俯视你的人生领域。当然,达到这种境界,非一般人可及,需要刻苦磨炼和高超的悟性。

不过,时间会让我们总结出一套属于自己的审判标准来。举例来说,我们会发现诚实是最好的行事指南,这不只因为许多人这样教导过我们,而是通过我们自己的观察、摸索和思考的结果。很幸运的是,对整个社会来说,大部分人对生活上的基本原则表示认可,否则,我们就要陷于一片混乱之中了。保持思想独立不随波逐流很难,至少不是件简单的事,有时还有危险性。为了追求安全感,人们顺应环境,最后常常变成了环境的奴隶。然而,无数事实告诉人们:人的真正自由,是在接受生活的各种挑战之后,是经过不断追求、拼搏并经历各种争议之后争取来的。

那么如果我们真的成熟了,便不再需要怯懦地到避难所里去顺应环境;我们不必藏在人群当中,不敢把自己的独特性表现出来;我们不必盲目顺从他人的思想,而是凡事有自己的观点与主张。我们也许可以做这样的理解:"要尽可能从他人的观点来看事情,但不可因此而失去自己的观点。"

当然,能认清自己的才能,找到自己的方向,已经不容易;更不容易的是,能抗拒潮流的冲击。许多人仅仅为了某件事情时髦或流行,就跟着别人随波逐流而去。我们说,他忘了衡量自己的才干与兴趣,因此把原有的才干也付诸东流。所得只是一时的热闹,而失去了真正成功的机会。

3. 发挥你的想象力去创造生活吧

想象是指由某一事物联想到另一种事物而产生认识的心理过程,简单地说,想象就是通过思路的连接把看似"毫不相干"的事件(或事项)联系起来,从而达到新的成果的思维过程。想象是发散思维的重要表现形式。

想象力最典型的例子就是"牛顿—苹果—万有引力",牛顿从自然界最常见的一个自然现象——苹果落地,联想到引力,又从引力联系到质量、速度、空间距离等因素,进而推导出力学三大定律,这就是想象力的作用。从洗澡池池水放水时经常出现的漩涡现象能联想到地球磁场磁力线的运行方向,从豆角蔓的盘旋上升能联想到天体的运行方向,从水面上木头浮,铁块沉这个自然现象联想到浮力到造船业，从偶然看到的事物的不连续性联想到量子，从运动、质量、引力能联想到时空弯曲，从意识的作用能联想到宇宙全息，等等，都属于想象的范畴。

从某种程度上说，想象力甚至比知识更重要，因为人所能学到的知识毕竟是有限的，而人的想象力概括着世界上的一切，推动着进步，并且是知识进步的源泉。

2010年诺贝尔奖获奖名单揭晓以后，最让人们津津乐道的是当年的物理学奖获得者——英国曼彻斯特大学科学家安德烈·海姆和其学生康斯坦丁·诺沃肖洛夫。不仅因为年仅36岁的诺沃肖洛夫在平均年龄50岁的诺贝尔奖获得者中显得出众，更因为他们用"铅笔"和"胶带"获得超薄材料石墨烯的"突破性"方法，再次向我们展示了想象力在科研中的重要作用。

比最好的钢铁硬100倍、比钻石还坚硬的石墨烯是一种从石墨材料中剥离出的单层碳原子面材料，其超强硬度、韧性和出色的导电性使得制造超级防弹衣、超轻型火箭、超级计算机不再是科学狂想。但最大的困难在于：如果想投入实际生产，就必须找到一种方式，制造出大片、高质量的石墨烯薄膜。

为此，几十年来，科学家们从未停止过各种方法的萃取或合成试验。直到2004年，海姆和诺沃肖洛夫突破性地创造了撕裂法。他们将石墨分离成小的碎片，从碎片中剥离出较薄的石墨薄片，然后用胶带粘住薄片的两侧，撕开胶带，薄片也随之一分为二，不断重复这一过程，最终得到了只有单层碳原子的石墨烯。这听起来简单得不可思议。

科学的想象力来自于何处？看看海姆所做的其他研究就知道

了。在2000年，海姆的另一项发名获得了"搞笑诺贝尔奖"，他用磁性克服重力作用让一只青蛙漂浮在半空中。2003年，他设计出一种有着极小绒毛的材料，它模仿壁虎脚上的绒毛，将一平方厘米的这种材料放在垂直平面上，就可以支撑起一公斤的重量，实现"壁虎爬墙"。事实上，撕出薄厚为一个原子的东西并不容易，需要在漫长的时间里进行难以计数的重复试验。但是诺贝尔奖评选委员会形容这对师徒"把科学研究当成快乐的游戏"。

翻翻诺贝尔奖的历史，其中有关想象力和执着精神的故事并不少见，从某种意义上说，诺贝尔奖带给世人的最大财富，不是荣耀，更不是奖金，而是创造的真谛。如果我们能够鼓励自己的想象力、创造力，那我们就一定会折腾得更加出彩。

遗憾的是，在目前这种教育环境下长大的我们，可能只有为数不多的人有勇气做出一些突破常规的想法与行为，这与中国千百年来的传统文化与社会环境不无关系。中国的传统观念比较讲究稳妥与中庸，并不太鼓励异想天开，这也就成为今天束缚我们想象力的原因之一。

这种情况我们必须要改变，因为缺乏想象力是非常可怕的事情。最直接的问题就是，想象力的匮乏会降低我们的生活质量，减少生活情趣，失去生活想象，增加压力，而最致命的问题在于想象力匮乏会削弱我们的竞争力。目前，无论是世界500强企业，还是国内知名公司，在招聘员工时，考察的重点就是应聘人员的综合素质，这种综合素质包括：学习能力、待人接物、道德品质、团队精神、沟通表达能力、组织协调能力、尊重他人、公共精神、敬业精神，还有很重要的一点就是想象力、创造力。虽然说，现在电脑在某种程度上可以代替人脑的一部分工作，但可以肯定的是，机器永远不可能想出点子来，社会文明的发展乃至我们自身的发展，终究还要靠创造性思维来实现，这绝对离不开想象力。

这是一个想象中的社会，每个人都生活在想象中，最重要的是，我们要让自己的想象成为现实。那么现在，你可以想象一下：20年后人们会怎样生活和工作？

然后把目标聚焦到具体领域，细化一下，这些预测结果就可以作为你努力的方向。譬如在计算机领域，未来肯定要出现功能大整合，一台掌上电脑几乎就可以满足你所有的相关需求，如打电话、看电视、上网、教育、咨询、服务、仪器控制，等等。所以，这个行业的一个创新就是不断联想并加以整合：今天有iPhone、iPOD，明天我们为何不能创造i100，后天再创造iALL，做饭、看孩子这样的事几个按钮就可以解决。

那我们现在要做的事就是，围绕这些想法去折腾，争取做出比iPOD功能更多、更好的产品，你把它当成一种当然，它就能成为一种必然。当然，在其他领域，我们的思维也必须是超前的，虽然可能存在这样那样的困难，但谁也无权阻止我们联想、探索和研究，你只有开放自己的大脑，你的思维才能超过别人，才有可能取得大的突破。

4. 具有独特的视角，才能拥有独特的人生

想折腾出个样子，我们必须要有前瞻的眼光，不能总是故步自封，同时我们必须知道很多事情需要我们独自去开拓，任何专家的经验都是骗人的，因为任何专家都不可能把自己的全部经验写出来！同时，我们也不能总是跟在别人后边，而是要有独特的视角！一个人成功与否很多时候都要看他会不会思考，能不能将那些不可能的事情做到可能。当然这些不可能的事情的实现就需要我们要有一个比较独特的视角，能够看到别人看不到的地方，能够发现别人发现不了的事情。在现代社会，很多的人都喜欢相信专家或者是一些权威，不论是什么事情只要是专家或者是权威说的，那么就不会再去思考，也不会去质疑那些事情的对错。其实这是一种很不好的现象，因为有时候权威或者专家虽然专业，但是在一定的程度上来说他们的那些思想会对我们的思想造成一定的阻碍，也会让我们的认知陷入僵局，走入死胡同。

费安轻轻地将他的铁锤和凿子摆在一旁，然后爬到阶梯上去向公爵请示："主人，我能不能请问你，你在读什么东西？"

公爵回答道："专家和权威。"

费安问:"是死的还是活的?"

公爵说:"已经死很久了。"

车匠说:"那么你只是在读他们遗留下来的垃圾。"

公爵回答说:"你知道什么?你只不过是一个车匠,你最好给我一个好的解释,否则你必须被处死。"

车匠回答说:"让我们从我的观点来看待这一件事。当我在做轮子的时候,如果我弄得很松散,它们就会散开来;如果我弄得过紧了,它们又会凑不上去;只有我弄得既不太松也不太紧,它们才会刚好合适,那么那个作品就是我所要的。你无法将它化为语言文字,你只能够去知道它是怎么样,即使我告诉我的儿子也无法向我学习。你看看,现在我已经70岁了,但是我还在做轮子!老年人将他们真正知道的一切都带进了坟墓。所以,主人,你在这里所读的只不过是他们所遗留下来的垃圾。"

在车匠的眼里,他的那些技术即使他手把手地教给自己的儿子,他的儿子也只是学到皮毛,也就是说一件事情或者是一门手艺只有自己去认真地摸索,只有自己去不断地思考,才有可能会真正地掌握。而那些专家以及所谓的权威在很大的程度上对我们的思维都不会有很大的帮助,有时候还有可能会对我们的思维造成阻碍,会让我们形成一种思维定式,从而让自己的思想局限在一些内容之中。

一个人要想让自己的思维为自己的人生服务,那么他就必须要打破那些常规的思维,要走出那些专家以及权威给自己思维设下的套,用独特的视角去看问题,分析问题,从而解决问题,这样才会在与别人的竞争中更有力量,才会让自己的主见带着自己的梦想去远航，而不是让自己的思想以及行动一直局限在小小的范围之内，让自己成为一个井底之蛙，永远都触摸不到成功的屏障。其实在我们的人生中别人的很多东西都是靠不住的，很多时候只有自己才最有效，我们要相信自己而不是别人，要善于思考，开拓。自己的路自己走，自己的生命自己去把握，要做什么，自己说了算！做一个有自我世界的人，做一个有主见的人。只有如此，我们才能更加独立，更加不受外物所左右，才能更加轻松地去生活，才能把生活安排得更加井井有条！走自己的路才能时刻把握自己的情绪，自己控制好情绪，不随着别人任意摇摆。这样的我们才有可能开拓不一样的视角，才有可能会在平凡的事情中看到不平凡，才有可能在平常的事情中抓住成功的机遇，让自己的人生走向成功。

那么对于一个想要在社会竞争中脱颖而出的人，他所具有的独特的视角来自哪里呢？

（1）认真观察市场规则。

任何事情都是有章可循的，并非一切杂乱无章，我们要学会认真地深入市场进行调查，很多商机都是在无意之中发现的，但是发现之前你必须具备了发现它的能力，这种辨别能力来源于我们对市场的实地调查，来源于我们对行业的深入把握。如果你想做好一个行业，首先你要了解一个行业，深入一个行业。当然在深入调查一个市场以后也就为我们独特视角的开拓打下了一定的基础，做了一些积累。

（2）善于学习。

人要想成功，要想进步必须要学习，只有掌握了一定的知识，才能站在一定的高度。只有认真学习才能发现自己的不足。不断学习的人才能不断增强自己改变的能力，才能更好地融入新鲜事物，才能更加虚心地对待一切。善于学习的人也绝对是善于发现的人。也就是说，只有我们善于学习身边的一切，那么才有可能会在细微的事情中发现别人不能发现的事情，才有可能会在独特的视角的指导下做一些真正有利于自己发展的事情。

（3）和那些优秀的人在一起。

中国有句古谚"物以类聚，人以群分"。其实在现实生活中，你所认识以及交往的人的素质也就在一定的程度上决定着你本身所拥有的素质。从另一方面来讲也就是如果你和一位乞丐在一起，那么就会认识更多的乞丐；你和一位白领在一起，就会认识更多的白领；你和一位商界精英在一起，就会认识更多的商界精英，当然你跟一些眼光比较独到，并且成功的人在一起，那么你也会慢慢地让自己的视角变得独到，你也会慢慢地走向成功。所以想要拥有独特的视角，那么你就必须和一些优秀的人在一起，观察他们考虑事情的方式，学习他们做事的一些手段，这样你可能会在耳濡目染之下真正拥有独特的眼光，并且经过这些独特的眼光帮助自己走向成功。

5. 脑子要活，眼光要准

生存很不容易，这是众所周知的。可是只要你开动脑筋，另辟蹊径，用多种眼光看待问题，那么就会在很多小角落里找到机会。

很多眼光独特的成功者都是从角落里入手，将别人看不到眼里的东西拿来利用，反而能找到时尚元素，创造出自己的风格，将不起眼的东西变成财富。在经济的世界里只要有机会，那么就有金钱，有了金钱当然尾随着的就是成功。可能有的人觉得机会很难发现，很多时候机会都是隐藏在那些我们无法发掘的角落里。世界上有那么多的人，能发掘的机会已经被别人抢先发掘了，留下来的应该是寥寥无几。其实这是一种不正确的思维，因为这个世界在不断地发展，只要有发展那么就有机遇，只要我们花了心思，有心并且加上不断地思考与琢磨，那么肯定就会有所收获。

机会隐藏在角落里，但是这些角落并不是离我们很远，很多的时候就在我们的身边，只是看我们究竟能不能用一双智慧的眼睛看到它们，只是看我们有没有那些心思去给予他们关注，我们的大脑在遇到它们的时候有没有进行彻底的思考。就像那些旧的报纸，传统的刺绣，蓝色印花布，这都是隐藏在我们身边的很好的机遇。

在一次偶然的旅途中，她在一个江南小镇看到了一种蓝色印花布，经当地老人介绍，这种印刷技术已经流传了几千年。其印染过程全部是人工。许多工作非常烦琐，然而印出来的布却美丽别致，不落窠臼。她想到现代人生活在城市中，永远脱不了一种浮躁，正好可以用这种花布来冲淡一些浮躁之气，于是她立即回城市找店面，印布料，筹集资金……果然不出所料，现代人看到这种原生态的布料，油然感到一种清新的气息。仿佛回到大自然中间。

这种布料不仅可以做衣服，还可以做挂饰，做工艺品，用处良多，因此订单自是不少。她并没有满足于此，为了守住生意，她还积极了解顾客的反应，询问顾客的要求和想法，还在网上推广自己的产品。对于一些常客，她还会赠送一些小的物品，因此得到不少好评。

由于偶然经过江南小镇，就让她发现了透露着商机的蓝色印花布，当然经过考察与思索她最终决定把这个商机承接下来，为城市里浮躁的人们带去一些原始的东西，也借助这个东西洗涤一下人们的心灵。无疑地，她的这个决定是正确的，这个角落里的商机给她的人生带来了很多的不同，也让她的人生一步步地走向了成功。

机会并不是一个难以捉摸的东西，也并不像我们所想的那样离我们很遥远，其实很多时候机会距我们仅仅是一步之遥，只要我们拥有一双善于发现的眼睛，只要我们拥有一颗勇于去思考，不断地去想象的头脑，那么我们肯定会在思考与发现中找到自己想要找寻的东西。

有一个年轻人，小时候在家里看祖父装裱画，耳濡目染就学会了很多装裱知识。在下岗之后，他就萌发了做装裱师的念头。他装裱东西很认真，很注重细节。装裱东西是一个细致活儿，什么时候糊糨糊，什么时候晾晒和晾晒多长时间都要小心斟酌。还有很多客人会有各种各样的要求，拿来画作材质也不一样。他认真负责，尽量满足客人的需求。

有一次，一个女孩拿着自己祖母的一件刺绣过来让他装裱，这是一幅湘绣，非常宝贵，很多人都不敢接。但是他接了，而且顺利完成任务。

他不仅技艺精湛,而且注意创新,开发商机。他不但发现画作可以装裱,其实很多像挂历、丝绸等都可以拿来装裱。随着文化市场的繁荣,人们越来越注重生活的品质,注重过一种诗化生活,这就是一个商机。谁要是抓住这个商机,谁就会取得成功。于是他就积极开发时尚品装饰。凭着自己的精湛技术,他不仅可以装裱一些名贵的旧作,还可以装裱一些时尚装饰品,一些日常用品。就这样,4年之后,他的月酬劳可以达到一万以上。

故事中的这个青年,他的事业如此的顺利,就是因为他把自己的事情并不仅仅当成是一种工作,更把它当作是自己的事业,所以他就想着如何去开拓更大的市场。他在任何时候都在思考着如何去开发新的商机,如何通过创新来让自己的东西真正地达到一个高度。当然他的这些努力都是有回报的,就是由于他的这种勇于思考与发现的精神才让他一次次地发现了商机,才让他的事业不断地攀上高峰。

其实在我们的生活中不仅如此,还有很多的机会隐藏在我们的身边,也有很多可以让我们走向成功的因素在向我们不停地招手,只要我们拥有一颗善于思考的脑袋,只要我们拥有一双善于发现的眼睛,那么隐藏在角落里的那些机会都会出现在我们的眼前,都会向我们点头致敬。如果不信,你可以看看它们是不是隐藏在我们身边的机会。

镜头一:夜市上:辛苦了一天,终于可以休息,这时候去夜市小摊吃点烧烤,喝点酒,不是很好吗?这里就有商机。

镜头二:宾馆里:很多酒店都是在吧台销售酒水饮料,在卫生间放着很多声色意味很强的东西，上面还有"拆开10元"的字样。虽然这样的现象早已见惯，但是还是会有人觉得不舒服。对于一个常出差的女性来讲，如果入住的房间有面膜销售，我想大家都会想买一张。如果自己的丝袜划破了，在房间里有替代品的话也很乐意去买一双。如果房间里有果盘和酒，大家更乐意来上一杯解除旅途疲劳。这些都是商机，都是一个成功的酒店所要具备的。

镜头三：飞机上：在万米高空，皮肤一定会严重缺水，在这个时候如果有面膜可以敷脸，我想大家一定会买一张。飞机上只有民航杂志，这对于经常出门在外的人而言实在是太无聊了，也太单调了。如果有一些有意思的书，我想他们不介意去买。同时，由于忙碌，他们没有空去购买礼品，飞机上如果有的话，他们肯定也会乐意去买的。

镜头四：小饭馆里：在许多小吃摊，一个干活的汉子会买一盘水饺和一瓶酒，这就是他们的午餐。我们会发现，那些廉价的水酒其实很有商机。可是遗憾的是，我们并没有看到谁在水酒上下功夫。其实如果再多宣传一些水酒，而不单单是写一个牌子，这些生意可能会更红火……

可能大家会觉得这是什么样的理论，上面的这些也可以成为机会吗？其实这虽然一点都不起眼，但是，如果真正做起来可能会有不一样的效果。在这个世界上有很多的可能，只要我们敢于去做，只要我们能够让自己的思维一直处于活跃的状态，只要我们能够善于使用自己的眼睛去发现，那么我们肯定会找寻到那些隐藏在角落里的机会，让自己折腾出个样子来。

6. 别让大脑走弯路

做事做到点子上，才能让事情做得成功，同样地想要想在点子上，才能让想真正地发挥自己的作用。其实每个人都会去想，都会去思考，但是怎样去想，怎样去思考才会是积极有效的，并且能够真正达到自己心中想要的，这才是重点。所以想让"想"少走弯路，让自己的奋斗少一些曲折，那么我们就要学会如何真正有效地去想，去思考。想，有很多种，漫无目的地想，心情沉重地想，轻松自如地想，焦急忧虑地想……以及各种各样地想。我们生活在一个复杂的社会，所有任何的事情都需要我们不断地去思考，不断地去进行判断，不断地去进行选择，只有这样我们才能在这个复杂而又充满竞争的社会中取得一丝立足的地方，才能让自己心中的一些梦想变为现实，让那些不可能的事情变成可能。可是，虽然很多人都明白思考对于一个人的一生甚至是一个企业的发展都是极为重要的，并且他们也在不断地进行思考，但是还是有的人会迷惑，有的企业还是会被思考这件事情牵绊住脚步，让思考走进一些误区，从而影响自己的决定。

克里斯是一个喜欢不断尝试着去成功的人，他也很喜欢思考，用自己的大脑来创造自己的成功。所以，在一次认真思考之后，他认为自己可以决胜股市。因为他相信，只要他花足够的时间研究股市的买进卖出，就能通过选股挣到比市场给他的平均回报多得多的利润。

他曾经跟自己的朋友说，他的一对夫妇朋友买了几支股票，后来卖出后获利3万美元。所以，因为这件事情克里斯推断他那对夫妇朋友所做之事，自己也同样可以做到。并且他还思考了投资股票成功以后发生的事情，他想通过从股市获利来偿还他的抵押贷款。可是当他的朋友问及他的其他买股票的朋友的情况时，克里斯就显得有点支支吾吾。并且在他的朋友继续地追问的压力之下，他才说有的人亏了钱。但是他还是把自己的注意力放到赚了钱的朋友的身上。

克里斯是一个非常聪明并且勤于思考的人。当然许多聪明的人相信只要投入时间和精力，就能够决胜股市。秉着这样的一种信念，并且经过自己不断地思考分析，克里斯最终决定去用自己的聪明才智以及自己的脑袋投资股市，并且将自己所有积蓄的2/3都投入了一支在他认为是很有前景的股票之中。本来以为可以大赚一把，但是谁知道事与愿违，在一个月以后，克里斯就在自己仔细分析过前景的这支股票上跌了脚，不仅亏掉了所有的积蓄，并且也变得负债累累。原本以为是一次很仔细并且会成功的思考，但是谁知道结果却是让人大跌眼镜。克里斯这个聪明的人，并且勤于思考的人，秉着自己能够决胜于股市的信念进行了风险投资，等着收获成功的时候谁知道却跌了脚，不仅没有等到预期的成功，还惨淡地迎接了失败。

在我们的人生中，很多时候我们所秉着的信念会影响我们的思考，也会影响我们的决断，克里斯的这件事情就是一个典型的例子。因为他在思考前已经将自己的信念深深地植根于自己的大脑之中，所以不管是在思考什么的时候都是以自己的这个信念为基础的考虑，可以说他把自己的这个信念已经当作了自己思考的一个基石，从而并不是正确地去衡量整件事情的利弊，然后做出正确科学的分析的，所以他的这次思考注定是要失败的。

一个人想要准确地去思考，想要自己的思考不走弯路，那么就一定不能在思考之前有先入为主的观念，也就是说让自己秉着一种信念去思考，并且让那个观念成为自己思考的一个基石，从而影响到自己全局的思考以及分析，影响到自己行动的结果。

苏菲有一段时间车子坏了，所以准备打算购买一辆新汽车，她浏览《消费者报告》来研究它的可靠性。这份来自前几年的车型的统计数据表明，这种车是非常可靠的。她也对调查结果很满意，于是心情愉快地去参加一个聚会，可是就是因为这次的聚会让苏菲的心里产生了疑问。

在聚会期间，那里的一个朋友告诉苏菲，说他自己最近刚买了苏菲看中的那款新车，并且是这样对苏菲说的："这车一点都不好，尽给人添麻烦！"他抱怨着："隔几个月就要去店里送修一次。我换了离合器，刹车有问题，还动不动就熄火。"听了这样的信息，苏菲觉得有点犹豫了，因为她知道自己所调查的数据毕竟是几年前的关于消费者报告的，所以面对自己朋友的评价，她觉得自己应该好好地去思考一下。经过一段时间的思考，苏菲决定放弃买那一款新车，并且购置了另外一辆相对而言价格较高，但是评价较好的车子。

就这样买了那辆车以后苏菲觉得自己特别的开心，因为她终于买了一辆自己相对来说很满意的车子，可是谁知道，在又一次她开着这辆车子去聚会的时候，却听到了跟以前聚会的时候听到的截然相反的信息。很多人都称赞苏菲以前看中的那辆车子性价比高，而且又开着舒服，配置也好得不得了，价格又很便宜，他们中间的很多人都买了那辆车子……听着朋友间的那些闲谈，苏菲迷惑了，因为她知道自己现在买的这辆新车，虽然舒服，款式也好看，但对于她来讲性价比却是一点都不高，因为这次购车花去了她很大的一笔钱，她就想当初如果能够再仔细思考一下，买了先前看中的那辆车，那么她就会省下不少的钱，并且自己现在工作就没有这么吃力了。虽然有自己的思考，并且先前也搜集了资料，但是在真正作决定的时候自己的思维还是受到了别人经验的影响，从而让苏菲在后来出现了后悔的心态。

其实虽然这只是一个购车的例子，但是我们的人生何尝不充满着跟购车一样的思考跟决定呢？如果我们的思考都像苏菲一样，因为一些人的言语或者是片面的一点经验就去让自己的思考进入了封存冷冻区，那么我们的人生肯定会因为那些思考、那些决定而出现很多的遗憾，并且会承受很多的损失。

所以想让我们的思考不走弯路，想让我们的思考能够正确地指导我们的行动，我们一定不能让自己的思想受到别人的一点片面的经验的干扰，从而草率地作出一些决定。我们要学会在思考之前做出一些准备工作，去不断地对自己所要思考之事进行全面的调查，然后再在谨慎地思考之后作出决定。

思考也会走弯路，思考也会把我们的行动引向不正确的方向，所以我们要学会去破除思考的那些误区，既不让自己的思考受到心中信念的影响，也不让自己的思考受到别人片面的经验的影响，我们在思考之前要学会全面调查，给自己的思考做好准备，从而让自己的思考真正的科学正确，并且为自己的决策做出正确的引导。

7. 打蛇就打七寸处

在竞争中，如果我们能够抓住对手的弱点，牵住了他们的鼻子，就不怕他们不跟你走了。会折腾的人往往都是借力的高手，且其借力的形式不拘一格，常能出人意表，独创出一条借力新路。借对手之力即是其中之一。

当失败的阴影笼罩在希尔顿正在建造的一座饭店上时，他却审时度势，施展高明的强借术，硬是让对手掏钱帮他完成了工程。

希尔顿在建造达拉斯希尔顿饭店时，这个饭店的建筑费用要100万美元，而他当时并没有这么多钱，所以开工后不久，就没有钱买材料和付工钱了。

希尔顿想了一个奇招，他决定去拜访地产商杜德，也就是那个卖地皮给他的人。

希尔顿找到他后，开门见山地说："杜德，我没有钱盖那房子了。"

"那就停工吧。"杜德毫不在意地说,"等有钱时再盖。"

"我的房子这样停工不建,损失的可不是我一个人。"希尔顿故意顿了一下,才接道,"事实上,你的损失将比我还要大。"

"什么?"杜德眼睛瞪得像铃铛,不相信自己耳朵似的,"你这话是什么意思?"

"很简单。如果我的房子停工了,你附近那些地皮的价格一定会大受影响,如果我再宣扬一下,希尔顿饭店停工不盖,是想另选地址,你的地皮就更不值钱了。"

"怎么,你想要挟我。"

"没有人要挟你,我只是就事论事。"

"可是,你是没有钱才……"

"没有人知道我会没钱。"

"我会告诉他们的。"

"没有人会相信,我现在已拥有好几个饭店,规模虽都不算大,但名声却不坏。相信我的人一定比你多。同时,我做的生意交际广,认识的人也比你多。"

这番话使杜德动容了,说话的气势小多了。"咱们无冤无仇,你何苦跟我过不去。"

"为了希尔顿饭店的名誉,我不得不出此下策。"希尔顿的态度也变得很委婉,"我总不能让大家知道我穷得连盖房子的钱都没有吧。"

"可是,绝不能为了你自己把我也给害了。"

希尔顿故意皱着眉头,沉思一会儿后说:"我倒是有个两全其美的办法,不知道能不能行?"

"什么办法？"

"你出钱把饭店盖好，我再花钱买你的。"杜德张嘴欲言，希尔顿用手势止住他，接道：

"你别急，听我把话说完。你出钱盖房子，我当然不会亏待你，就等于是你盖房子卖。最主要的是，饭店的房子不停工，你附近那些地皮的价格就会上扬。我如果再想个办法宣传宣传，你的地皮不是价钱更好了吗？"

虽然这是希尔顿耍的手段，但实情也确是如此，无奈之下，杜德只好答应了他的条件。

1925年8月间，达拉斯希尔顿饭店开张了。这是一家新型大饭店，也是希尔顿饭店进入现代化的一个起点。

希尔顿让地产商按照他的设想把房子盖好，然后又让地产商以分期付款的方式卖给他。这种事听起来似乎根本不可能，但事实上，只要抓住了对手的"七寸"，即使让他们干一些暂时牺牲自己利益的事，他们也会照办的。

8. 暂时的放弃只是为了更好的开始

俗话说，条条大路通罗马。同样的一件事，会有很多种解决方法，同样的人生，亦有很多种活法可选择。我们说坚持就是胜利，但如果方向错了，越是折腾，就会距离真正的目标越远。这时候是考验我们内心的时候。壮士断腕、改弦更张，从来都是内心勇敢者才能做出的壮举。懂得坚持和努力需要明智，懂得放弃则不仅需要智慧，更需要勇气。若是害怕放弃的痛苦，抱残守缺，心存侥幸，必将遭受更大的损失。

有这样一个可笑的故事：

两个贫苦的樵夫在山中发现两大包棉花，二人喜出望外，棉花的价格高过柴薪数倍，将这两包棉花卖掉，可保家人一个月衣食无忧。当下，二人各背一包棉花，匆匆向家中赶去。

走着走着，其中一名樵夫眼尖，看到林中有一大捆布。走近细看，竟是上等的细麻布，有10余匹之多。他欣喜之余和同伴商量，一同放下棉花，改背麻布回家。

可同伴却不这样想，他认为自己背着棉花已经走了一大段路，如今丢下棉花，岂不白费了很多力气？所以坚持不换麻布。前者在屡劝无果的情况下，只得自己尽力背起麻布，继续前行。

又走了一段路，背麻布的樵夫望见林中闪闪发光，待走近一看，地上竟然散落着数坛黄金，他赶忙邀同伴放下棉花，改用挑柴的扁担来挑黄金。

同伴仍不愿丢下棉花，并且怀疑那些黄金是假的，遂劝发现黄金的樵夫不要白费力气，免得空欢喜一场。

发现黄金的樵夫只好自己挑了两坛黄金和背棉花的伙伴赶路回家。走到山下时，无缘无故下了一场大雨，两人在空旷处被淋了个湿透。更不幸的是，背棉花的樵夫肩上的大包棉花吸饱了雨水，重得无法再背动，那樵夫不得已，只能丢下一路辛苦舍不得放弃的棉花，空着手和挑黄金的同伴向家中走去……

当机遇来临时，不一样的人会作出不同的选择。一些人会单纯地选择接受；一些人则会心存怀疑，驻足观望；一些人固守从前，不肯做出丝毫新的改变……毫无疑问，这林林总总的选择，自然会造就出不同的结果。其实，许多成功的契机，都是带有一定隐蔽性的，你能否作出正确的抉择，往往决定了你的成功与失败。

面对人生的每一次选择，我们都要充分运用自己的智慧，做出准确、合理的判断，为自己选择一条广阔道路。同时，我们还要随时随地观心自省，检查自己的选择是否存在偏差，并及时加以调整，切不要像不肯放下棉花的樵夫一样，时刻固守着自己的执念，全不在乎自己的做法是否与成功法则相抵触。

其实，人生不能只进不退，我们多少要明白点取舍的道理。当你为某一目标费尽心血，却丝毫看不到成功的希望时，适时放弃也是一种智慧，或许这一变通，便为你打开了新的篇章。

张翰与杜海涛是大学同学，二人毕业后都想成为公务员，进入政府部门工作。一次，二人在网上看到某市委调研室的招聘信息，于是便一起报了名。

两人一同走进考场。一周过去了，成绩在网上公布，他们都落榜了。但二人丝毫没有放弃的意思，相互鼓励对方明年接着再考。第二年，他们再一次走进考场。这次，他俩都顺利通过了第一轮的笔试。接着就该准备第二轮的面试了，两个人都在积极地准备着。

面试结束一周后，入围人员名单公布，发现只有张翰一个人被录取。此时，张翰对杜海涛说："没关系的，你再努力一年，一定会考上！"杜海涛赞同地点了点头。

执着的杜海涛准备第三次走进考场，巨大的心理压力下，他考得比任何一次都要糟糕，至此，他开始对自己的目标进行反思，经过一番思想斗争，他决定放弃到政府工作这条道路。

在落榜后的第二天，他就鼓励自己，并告诉自己要打起精神准备开始新的生活。于是他开始找工作。没想到一切都很顺利，不到两周，他就顺利地前往一家知名外企就职去了。

人生就是在成与败之中度过，失败了很正常，失败以后不气馁、继续坚持的精神也固然可嘉，但是，不看清眼前形势、不论利弊，一味埋头傻干，那就不能称之为执着了。如此，换来的很可能是再一次的折戟沉沙。所以，请不要一条路走到黑，打开眼界，当前路被堵死时换条路走，或许你就会收获幸福。

在人生的每一次关键选择中，我们应审慎地运用自己的智慧，做最正确的判断，选择属于你的正确方向。放下无谓的固执，冷静地用开放的心胸去作正确的抉择。正确无误的选择才能指引你永远走在通往成功的坦途上。

其实有时候，退几步，就是在为奔跑做准备。有时候，松开手，重新选择，人生反而会更加明朗。衡量一个人是否明智，不仅仅要看他在顺风时如何乘风破浪，更要看他在选错方向时懂不懂得转变思路，适时停止。

第七章
把24小时"变成"48小时

时间有限,不只是由于人生短促,更由于人事纷繁。我们应该力求把我们所有的时间用去做最有益的事情。成功女神是很挑剔的,她只让那些能把24小时变成48小时的人接近她。如果你勤勉,她会给你带来智慧和力量;如果你懒散,她只会给你留下一片悔恨。

1. 及时当勉励，岁月不待人

　　当代青少年多数都很羡慕美国、日本富裕的生活及其轿车、电器，然而，你知道他们是多么珍惜时间吗？早在200多年前美国还没独立的时候，美国启蒙运动的开创者、科学家、实业家和独立运动的领导人之一富兰克林就在他编撰的《致富之路》一书中收入了两句在美国流传甚广、掷地有声的格言："时间就是生命"，"时间就是金钱"。20世纪90年代初，中国辽宁青年参观团在日本出席一个会议，出国前团长准备了厚厚一叠发言稿，可是届时日方官员递上的会序表却写着："中方发言时间：10点17分20秒至18分20秒。"发言时间仅为一分钟。这在那些"一杯茶水一支烟，一张报纸看半天"的人看来，似乎不可思议，而在日本却是极为平常的。日本从工人到学者，时间观念都非常强。他们考核岗位工人称不称职的基本标准就是在保证质量的前提下单位时间的劳动量，时间一般精确到秒。

　　那么，我们对于时间是何种态度呢？我们又是怎样利用生命中有限的时间的呢？或许很多人都是这样：某一天恍然从梦中惊醒，才发现自己已然年龄不小，可是离自己想要的生活还相差那么远，于是不停地问自己："我为自己、我为谁人做过什么？"然后绞尽脑汁想不出个所以然。看起来，在很多人的生命中，有用的时间太少，闲置的时间太多。难道曾经的岁月是场梦，是场转瞬即逝抓不住的梦？那么是谁抹去了我们曾经的岁月？又是谁偷走了我们曾经的时间？其实，谁也偷不了岁月和时间。而真正的元凶恰恰是我们自己，是我们自己不知道珍惜。

爱迪生一生只上过3个月的小学，他的学问是靠母亲的教导和自修得来的。他的成功，应该归功于母亲自小对他的谅解与耐心的教导，才使原来被人认为是低能儿的爱迪生，长大后成为举世闻名的"发明大王"。爱迪生从小就对很多事物感到好奇，而且喜欢亲自去试验一下，直到明白了其中的道理为止。长大以后，他就根据自己这方面的兴趣，一心一意做研究和发明的工作。他在新泽西州建立了一个实验室，一生共发明了电灯、电报机、留声机、电影机、磁力析矿机、压碎机等总计两千余种东西。爱迪生的强烈研究精神，使他对改进人类的生活方式，做出了重大的贡献。"浪费，最大的浪费莫过于浪费时间了。"爱迪生常对助手说，"人生太短暂了，要多想办法，用极少的时间办更多的事情。"一天，爱迪生在实验室里工作，他递给助手一个没上灯口的空玻璃灯泡，说："你量量灯泡的容量。他又低头工作了。过了好半天，他问："容量多少？"他没听见回答，转头看见助手拿着软尺在测量灯泡的周长、斜度，并拿了测得的数字伏在桌上计算。他说："时间，时间，怎么费那么多的时间呢？"爱迪生走过来，拿起那个空灯泡，向里面斟满了水，交给助手，说："里面的水倒在量杯里，马上告诉我它的容量。"助手立刻读出了数字。爱迪生说："这是多么容易的测量

153

方法啊，它又准确，又节省时间，你怎么想不到呢？还去算，那岂不是白白地浪费时间吗？"助手的脸红了。爱迪生喃喃地说："人生太短暂了，太短暂了，要节省时间，多做事情啊！"

毋庸置疑，爱迪生是在用自己的言语和行动，给自己的助手上了人生中非常重要的一堂课。他想告诉对方：对于立志成功者而言，时间就是金钱。对于时间，我们只能珍惜，不能浪费。

历数古今中外一切有大建树者，无一不惜时如金。

古书《淮南子》有云："圣人不贵尺之璧，而重寸之阴。"汉乐府《长歌行》有这样的诗句："百川东到海，何时复西归？少壮不努力，老大徒伤悲。"晋朝陶渊明也有惜时诗："盛年不重来，一日难再晨，及时当勉励，岁月不待人。"唐末王贞白《白鹿洞》诗中更有"一寸光阴一寸金"的妙喻。法国作家巴尔扎克把时间比作资本。德国诗人歌德把时间看成是自己的财产。法拉第中年以后，为了节省时间，把整个身心都用在科学创造上，严格控制自己，拒绝参加一切与科学无关的活动，甚至辞去皇家学院主席的职务。居里夫人为了不使来访者拖延拜访的时间，会客室里从来不放座椅。76岁的爱因斯坦病倒了，有位老朋友问他想要什么东西，他说，我只希望还有若干小时的时间，让我把一些稿子整理好。

那么我们呢，从现在起，我们应该好好珍惜所拥有的一切，不要让岁月蹉跎，不要让时间被挥霍，不要让自己的生命中拿不出一丁点像样的东西。其实时间是最公平合理的，它从不多给谁一分。勤劳者能叫时间留下串串果实，懒惰者只能叫时间留下一头白发，两手空空。"许多人都是这样度过了一生，这叫平淡。"也许你会这样说。但没有人告诉你吗？平淡绝不意味着平庸，在繁杂的人生中，我们的确需要一些淡泊的情怀，但你不能将其与游手好闲、碌碌无为等同。你活着，毫不作为地活着，就是在浪费粮食和生命。

2. 快人一步，领先一路

美国著名成功学大师皮鲁克斯有一句名言："先人一步者，总能获得主动，占领有利地位。"的确，机会很重要，你对机会的反应同样重要。当机会来临时，反应敏捷的人是先人一步抓住机遇。因为机会不等人，稍纵即逝，再者机会对别人也是公平的，《幸运52》的口号就是"谁都有机会"，那么最终谁能抓住机会呢？答案是反应敏捷就会"捷足先登"。

被誉为"中国第一打工王"、"中国亿万富翁"的川惠集团总裁刘延林说："机遇，对每个人来说，应该是平等的，但为什么有人捕捉不到，有人捕捉得到？关键在于：你是不是积累了捕捉机遇的实在本领。就像你狩猎，待了很久很久，猎物来了，你却放空枪，只能眼睁睁看着猎物消失。捕捉猎物的实在本领，就是及时抓住机遇。同样发现了机遇，有的人能够牢牢抓住，有的人却眼睁睁地看着机遇溜走。"

中国古代有这样一个故事：

有3个财主在一起散步，其中一个忽然首先发现前方躺着一枚闪闪发光的金币，眼神顿时凝固了！几乎同时，另一人大叫起来："金币。"话音未落，第三个人已经俯身把金币捡到自己手里。

这个故事告诉我们：在机遇面前，眼快嘴快都不如手快。生活中不少人发现了机遇，但是不能立即通过行动去抓住机遇，最终与没有发现机遇一样。

有很多成功的大企业家并没有学过经济学，肚子里也没什么"墨水"，他们成功的关键就在于行动素质高：一旦发现机遇，就能把机遇牢牢地"抓"在手中！

曾经有两位年轻人一同搭船到美国闯天下，一位来自德国，另一位来自法国。他们下了码头后，看着豪华游艇从面前缓缓而过，二人都非常羡慕。德国人对法国人说："如果有一天我也能拥有这么一艘船，那该有多好。"法国人也点头表示同意。吃午饭的时间到了，两人四处看了看，发现有一个快餐车旁围了好多人，生意似乎不错。德国人于是对法国人说："我们不如也来做快餐的生意吧！"法国人说："嗯！这主意似乎是不错。可是你看旁边的咖啡厅生意也很好，不如再看看吧！"两人没有统一意见，于是就此各奔东西了。

握手言别后，德国人马上选择一个不错的地点，把所有的钱投资做快餐。他不断努力，经过几年的用心经营，已拥有了很多家快餐连锁店，积累了一大笔钱财，他为自己买了一艘游艇，实现了自己的梦想。

这一天，他驾着游艇出去游玩，停靠在码头时，发现了一个衣衫褴褛的男子从远处走了过来，那人就是当年与他一起来闯天下的法国人帕克。他兴奋地问帕克："这几年你都在做些什么？"帕克回答说："这几年，我每时每刻都在想：我到底该做什么呢？"

俗话说得好，"一步赶不上，步步赶不上"，"快人一步领先一路，慢人一步损失无数"。在竞争激烈的时代，要如何折腾得比同龄人更出色？很关键的一点就是要快人一步，抢占先机。因为，新经济时代，是以"快"赢得天下的时代。田径比赛以快取胜；自由搏击以快打慢，先下手为强；商场竞争已从"大鱼吃小鱼"变成"快鱼吃慢鱼"。在这个世界上，大而慢等于弱，小而快可变强，大而快王中王！快就意味着机遇，快就代表着效率，无数个快速抓住的瞬间成就了人生的强悍。

你可能还有辩辞，表示人生是一场马拉松比赛，先松后紧也未尝不可。可是，如果你每天落后别人半步，一年后就是183步，10年后即是十万八千里。那么就算你甩断膀子、跑断腿，你也决然不会赶上人家。竞争的实质，就是在最快的时间内做最好的东西，人生最大的成功，就是在有限的时间内创造无限的价值。最快的冠军只有一个，任何领先，都是时间的领先！有时我们慢，不是因为我们不快，而是因为对手更快，那么你就必须让自己更加紧迫起来。

3. 犹豫浪费生命，拖延等于死亡

20世纪50年代，西北农村的农民大都住窑洞。其中有个姓刘的老汉也和大家一样住在窑洞里，他喜欢靠在窑洞门口晒太阳，有人指着他的破窑洞说："你的窑洞该修了。"刘老汉说："我打算明年春天修。"第二年春天他仍然懒洋洋地靠在窑洞门口晒太阳。有人又对他说："你窑洞顶上裂了缝，快修吧！"刘老汉又说："等麦收了一定修。"麦子收了他又改变了主意，又想等收了秋田再动工，秋田收了，他仍没有动工修窑洞的意思。后来一场大雨，窑洞倒塌了，刘老汉被活活埋在废墟里。

这就是拖延造成的恶果，本应避免的悲剧就因为拖延而发生了。中国有句古话说："明日复明日，明日何其多，我生待明日，万事成蹉跎。"其实"明日"总是遥遥无期，它今天是明天，明天是明天的明天，然后就可能是明天的明天的明天……可能永远不会来临。所以拖延和犹豫，无疑是成功的大忌，世界上最不容易成功的就是那些总把问题放到明天来解决的人。世界上最可怜又最可恨的人，莫过于那些总是瞻前顾后、不知取舍的人，莫过于那些不敢承担风险、彷徨犹豫的人，莫过于那些无法忍受压力、优柔寡断的人，莫过于那些容易受他人影响、没有自己主见的人，莫过于那些拈轻怕重、不思进取的人，莫过于那些从未感受到自身伟大内在力量的人，他们总是背信弃义、左右摇摆，最终自己毁坏了自己的名声，最终一事无成。

他们有时就像一头驴子，在两垛青草之间来回徘徊，欲吃这一垛时，却发现另一垛更嫩更有营养，于是拿不定主意，鲜嫩的草就在面前，可它非但没吃上一棵，最后反而饿死了。

一位朋友，智商一流，执有知名学府硕士文凭，毕业以后决心下海经商。

有朋友建议他炒股，他豪气冲天，但去办股东卡时，他犹豫了，"炒股有风险啊，再等等看吧。"于是很多人炒股发了财，等他进入股市时，股市却已经疲软。

又有朋友建议他到夜校兼职讲课，他很有兴趣，但快到上课时，他又犹豫了，"讲一堂课才百十多块钱，没有什么意思。"

于是又有朋友建议他创办一个英语培训班，那样可以挣得多一些，他心动了，可转念一想：招不到生源怎么办？计划就这样又搁浅了，后来当国内某知名英语培训机构上市时，他又懊悔不及。

他的确很有才华，可一直在犹豫不决，转眼很多年过去了，他什么也没做成，越发地平庸无奇起来。

有一天，他到乡间探亲，路过一片苹果园，望见满眼都是长势茁壮的苹果树。禁不住感叹道："上帝赐予了这世界一块多么肥沃的土地啊！"种树人一听，对他说："那你就来看看上帝怎样在这里耕耘的吧！"

很多人光说不做，总在犹豫；也有不少人只做不说，总在耕耘。犹豫不决的人永远找不到最好的答案，因为机遇会在你犹豫的片刻失掉；勤于耕耘的人总是收获满满，因为流下的汗水会将生命浇灌得更加鲜艳。

志存高远的人何止千万？但如愿以偿者却寥寥无几！何以？因为有太多的人一直在拖延行动，也不是不想行动，只不过想等上一段时间，谁知道这样一晃就是一生。

那么，你打算什么时候开始行动呢？你在等什么？又在准备什么？你需要别人的帮助还是认为时机尚未成熟？可是你知不知道？拥有梦想而不开始行动，最是消磨人的意志。

有时，明明你已经做好计划，考虑过不下十遍，甚至已经作出决定，可是就差那么一点——就差那么一点行动，你却开始畏首畏尾、瞻前顾后，于是行动搁浅了，梦想中断了，久而久之，你越来越不相信自己了，尤其是当同时起步的朋友已经实现梦想的时候，那种失落感更是难以名状。

只可恨，我们一再犹豫、一再拖延，到老了才知道：犹豫浪费生命，拖延等于死亡……

真的，无论是谁，无论想干一件什么事，如果优柔寡断、该出手时不出手的话，就会一事无成。而整个事情成功的秘诀就在于——形成立即行动的好习惯。有了这样的习惯，我们才会站在时代潮流的前列，而另一些人的习惯是——一直拖延，直到时代超越了他们，结果就被甩到后面去了。

所以在作决定，尤其是一些关键性的决定时，别再因为自感条件不成熟而犹豫不决，你需要把全部的理解力激发出来，在当时情况下作出一个最有利的决定。当机立断地作出一个决定，你可能成功，也可能失败，但如果犹豫不决，那结果就只剩下了失败。

4. 迅速作出你的决定

公元前49年，恺撒在拉芬纳获悉政敌说服罗马元老院意欲将他放逐，他立即率领手下的军队抵达卢比孔河畔。卢比孔河是恺撒拥有军事指挥权的高卢与罗马本土间的界河，恺撒如果领军渡过此河，就违反了罗马的法律，意味着对罗马宣战，结果无法预料。他停了片刻便心意已决，高喊："骰子已经掷出了！"便率军渡过卢比孔河进入了罗马。结果罗马民众欢迎他这位归来的英雄，他的政敌也逃窜远方。

就是因为这一勇敢的决定，世界历史随之而改变。

获得成功的最有力的办法，是排除一切干扰因素，迅速作出该怎么做一件事的决定。而且一旦作出决定，就不要再继续犹豫不决，以免使我们的决定受到影响。有的时候犹豫就意味着失去。实际上，一个人如果总是优柔寡断、犹豫不决或者总在毫无意义地思考自己的选择，一旦有了新的情况就轻易改变自己的决定，这样的人成就不了任何事！消极的人没有必胜的信念，也不会有人信任他们。自信积极的人就不一样，他们是世界的主宰。

当有人问亚历山大大帝靠什么征服世界的时候，他回答说："是坚定不移。"

在一个深夜，满载乘客的斯蒂文·惠特尼号轮船在爱尔兰撞上了悬崖，船在悬崖边停留了一会儿。有些乘客迅速地跳到了岩石上，于是他们获救了；而那些迟疑害怕的乘客被打回来的海浪卷走，永远被海浪吞没了。

优柔寡断的人常因犹豫不决、缺乏果断而失去成功的可能。生活中好的机会往往很不容易到来，而且经常会很快地消失。约翰·夫斯特说："优柔寡断的人从来不是属于他们自己，他们属于任何可以控制他们的事物。一件又一件的事总在他犹豫不决时打断了他，就好像小树枝在河边漂浮，被波浪一次次推动着，卷入一些小旋涡。"

之前有一个小伙子走在街上，他心情非常不好，因为他还在为刚才没有做成的生意而懊恼着。这个时候，他走进了一家旅店，刚一进门就被吵昏了头，原来是旅店里面的客满了，人们都相互抱怨着。

就在这个时候，出现了一位绅士，他逐一把这些没有床位的人都轰走了，说："请明天早晨8点再来吧，也许那时你们会有一些好运气！"小伙子听完这位绅士的话之后，真的想大发脾气，因为他自己并不缺钱，可是如今却连一个睡觉的地方都买不到！但是这位小伙子还是非常礼貌地对这位绅士说:"先生的意思是你让他们睡8个小时便做第二轮生意?""当然,一天到头可做三轮生意,人多得像臭虫一样!""你是这儿的老板吗?""当然,整天被旅店拴着,想出去开油田多挣点钱都不成。"

小伙子听完之后有些兴奋,说道:"先生,如果有人买这家旅店,你会出售吗?""当然,有谁愿意出5万美元,我这里的东西就属于他了。"小伙子听到这里几乎叫了起来:"先生,那你可以去开油田了,你已经找到了买主。"

小伙子只用了不长的时间翻看了账簿,就发现这个头脑中想着靠石油发财的家伙是个傻瓜。因为这家旅店的生意一直不错,财源滚滚,最后小伙子毫不犹豫地将它买了下来。

后来这个小伙子成了全美最大的旅店老板,而这个小伙子就是**后来的希尔顿**。

历史上有影响的人物都是能果断作出重大决策的人。一个人如果总是优柔寡断,在两种观点中游移不定,或者不知道该选择两件事物中的哪一件,这样的人将不能很好地把握自己的命运。他生来就属于别人,只是一颗围着别人转的小卫星。果断敏锐的人绝不会坐等好的条件,他们会最大限度地利用已有的条件,迅速采取正确的行动。

5. 向效率要时间

有句口号叫作"向效率要时间",也就是说,较高的工作效率可以争取到较多的时间。相反,浪费或者不善于安排时间,会出现工作效率低下的现象。可见,时间与效率是相辅相成的。

美国有一个农庄,经过统计报告发现其农作物的产出值达平均上限的二倍,这是令人难以置信的。有一位效率专家想去研究高效率原因,他千里迢迢来到这个农庄,看到一户农家,就推门而入,发现有一位农妇,正在工作,她怎么工作呢?两只手打毛线,一只脚正推动着摇篮,摇篮里睡着一位刚出生不久的婴儿,另外一只脚推动一个链条带动的搅拌器,嘴里哼着催眠曲,炉子上烧着有汽笛的水壶,耳朵注意听水有没有烧开。但是效率专家觉得很奇怪,为什么每隔一会儿,她就站起来,再重重地坐下去,这样一直地重复?效率专家再仔细一看,才发现这位农妇的坐垫,竟是一大袋必须重复压,才会好吃的奶酪。因此效率专家说不必查了,他已经知道高效率的原因了。

面对堆积如山的工作,你可能感到心情烦闷,情绪紧张,无法摆脱工作的阴影，就算与朋友一起饮茶聊天，也不会开怀大笑。你可能埋怨说："我的工作能力太差，事情总是不能做完，反而日渐累积起来。"实际上每个人的办事能力都差不多，关键在于他们怎样处理事情。

有的人折腾一生却一生潦倒，有人看似优哉却取得了让人羡慕的成绩，前一种人很努力却也很悲哀，因为他们不懂得效率比傻干更重要的道理。我们不仅要坚持不懈地努力，更要懂得怎样去努力才能达到最高的效率，只有这样才能折腾出一番韵味。

《世界主义者》月刊的主编海伦·格利·布朗总是在办公桌上放一本自己办的杂志。每当她受到什么事情引诱而消磨时间、做一些与杂志成功无关的事情时，看看那本杂志，她的注意力就会回到正事上来。安排事情先后顺序的一个方法是把要做的事情列成单子。每天晚上，把第二天要做的前20项工作简要地写下来，并在这一天当中，反复看几遍这个单子。完成单子上的各项任务的最好方法是给每项工作留出一个专门的时间。大多数想获得成功的人都利用有用的时间来写表示感谢、慰问和祝贺的私人信函。但是，如果所要写的是日常工作的备忘录、公函、资料汇总和表格的话，他们就会依靠以前写过的文字资料来节省大量时间。

高效是一种良好的习惯，也是一种头脑的清醒。只有高效才能打造一个人的竞争优势，提升核心竞争力。

下面就给大家介绍一下，优秀的员工如何利用有限的时间去完成更多的工作。

首先需要明确，你的任务是要在指定时间内完成工作，老板最不喜欢下属凡事都找借口。认真完成每一份差事，别等他人来提醒你，尤其是那些职位比你高的人。

如果公司是采用流水作业制度的话，那么当同事将完成了一部分的工作交给你接手时，可要小心检查一遍，一旦有错误，请对方先整好，同时要清楚了解你需要完成的那一部分。遇到难题时，最好自己来解决，或请教同事，最好不要将问题带到老板面前。

如果你的权力不足以解决问题，你向老板报告时，就提出自己的意见吧，让他知道你具有随机应变的能力。再者，在决定某件事情是否值得争取前，先考虑它对工作的影响，造成的损害是暂时的还是长期的？值得因此而与对方作对吗？你有必胜的把握吗？还有，不要在公共场所高声谈论公司业务，就是在私底下，也不可以故意透露业务方针。

发挥最大的工作效率，你还需要注意以下几点：

（1）为每件工作定下最后完成的时间，除非在很特别的情况下，不然不要拖延。

（2）如果你整天的工作排得满满的，应该把一些必须马上完成的事情抽出来，专心处理。

（3）假如你觉得自己的心情不好，应先放下工作，让自己有松弛的机会，待心情好转时再投入工作。

（4）中午时间，不要安排太多的会议，你可以利用早餐时间会见客户，尽量利用每一个机会。

（5）若你能用电话直接处理事务，就不要浪费时间写信。

（6）把文件整齐排列，你不需费时找寻资料报告。

（7）定时整理档案。记忆力再好的人也不能将所有东西永远记住，因此档案是非常重要的。若你的部门本身不重视，或你已有秘书代劳，那奉劝你应设一个私人档案柜，帮助记忆，也利于有需要时翻阅。

（8）手袋里必备备忘录。工作忙碌的时候，你待在办公室里，或经常外出，无论大小约会、有关事项，最好用笔记下来，办好的就删掉一些，每天翻看，确保万无一失。

（9）不要让案前堆积信件、便笺。每天要清理一次，因为许多事情是需要立即进行的，不应搁置，一旦遗漏就会后悔莫及。当拆阅时，应立刻分类，可以丢弃的、应该入档案的，或者编入办事日历……工作就会一天天顺畅地进行了。

（10）做自己力所能及的事情，是简单有效的选择。在工作中，订立切实可行的计划，认真做好身边的每一件事情，那么你的工作就是有效率的。避免为追求高目标，而不从实际出发，希冀快速地达到目标，好高骛远，盲目地制订计划。将眼光盯在虚妄的目标上，却忽视眼前的工作，只会让人疲于应付，缺乏效率。

6. 高效比苦干更重要

高效并不是说要像机器人一样不间断地工作，那样做反而会变得低效。能做更多的事情，并不一定是比别人有更多的空闲时间，而是比别人使用时间更有效率。成功或是失败，很大程度上取决于你怎样去分配时间，一个人的成就有多大，要看他怎样去利用自己的每一分时间。

虽然增加时间投入似乎会增加产出，单位时间的产出反倒会低于平均值。还不仅如此，超时单位时间里完成的工作反而会减少。如果觉得这听上去有些不好理解，没关系，举个很简单的例子。你在写本书，一般情况下每小时可以写一千字，而且头两个小时确实如此，然而到了第三个小时你感到有些累，只写了五百字，比正常产出少了一半！这就是经济学上著名的回报递减规律。那么，如何解决这个问题呢？那就是要策略地分配、利用时间。

小张与小王同住在乡下，他们的工作就是每天挑水去城里卖，每桶2元，每天可买30桶。

一天，小张对小王说道："现在，我们每天可以挑30桶水，还能维持生活，但老了以后呢？不如我们挖一条通向城里的管道，不但以后不用再这样劳累，还能解除后顾之忧。"

小王不同意小张的建议："如果我们将时间花在挖管道上，那每天就赚不到60块钱了。"二人始终未能达成一致。于是，小王每天继续挑30桶水，挣他的60元钱，而小张每天只挑25桶，用剩余的时间来实现自己的想法。

几年以后，小王仍在挑水，但每天只能挑25桶。那么小张呢？——他已经挖通了自来水管道，每天只要拧开阀门，坐在那里，就可以赚到比以前多出几倍的钱。

其实很多人正和小王一样，他们只知道埋头苦干，看似非常认真，又能坚持不懈，其实未必就是高效。真正的高效应该是在最短时间内完成更多有意义的事情，而不是忙忙碌碌效果甚微。例如，小雅打字很快，一天能回复500封邮件，但除非这些邮件能产生实际的成果，否则就不能说她做事很有效率。相反，如果薇薇一天只做了一件事，但产生的意义比500封信件加起来还大，她的效率就比小雅高得多。这才叫效率。

放眼中国，现阶段就业空间有限，各行业、各领域人才济济，高学历、高能力者比比皆是。每一个人，包括那些自主创业者，都将面临最残酷的竞争考验。这种形势下，公司不再是你生活品质的保障，更无法保证你的未来，难道我们就坐以待毙吗？换言之，既然是我们的未来，为什么要把它交托给别人？为什么不把时间合理利用起来，让自己随着时间的推移，变得越来越强大？

很显然，我们需要有效地应用时间这种资源，以便我们有效地取得个人的重要目标。需要注意的是，时间管理本身永远也不应该成为一个目标，它只是一个短期内使用的工具。不过一旦形成习惯，它就会永远帮助你。

那么，如果你对今天的生活不满意，就应该反思几年前的行为；如果你希望几年后有所改变，从今天起就要学会好好利用时间。每天挑30桶水能赚60元钱，那生病时、年迈时又该如何？若是能在保证正常生活的情况下，充分高效地利用时间，打通一条通向未来的管道，岂不是等于购买了一份"养老保险"？

7. 分清轻重缓急，拣重要的事先做

能把握分寸，"就重避轻"，这是很多成大事者必备的重要素质。正所谓"两利相权取其重，两害相衡取其轻"。主次分明，分出轻重缓急，永远是做事的原则。一个人要获取成功，就不能眉毛胡子一把抓，只要选好一个突破口，其实往往就可以大有收获。

其实，上帝是很公平的，他给予每个人每天的时间都是相同的，无论贫穷还是富有。不同的是，有些人做起事来有条有理、得心应手；有些人虽然忙得团团转，却没有一件事办得令人满意，只是在浪费时间和精力而已。究其原因，是因为后者做事没有章法，分不出个轻重缓急，像一只无头苍蝇一样乱飞乱撞。所以我们需要记住：永远要从最重要的事情开始做起。

美国伯利恒钢铁公司总裁查理斯·舒瓦普向效率专家艾维·利请教"如何更好地执行计划"的方法。艾维·利声称可以在10分钟内就给舒瓦普一样东西，这东西能把他公司的业绩提高50%，然后他递给舒瓦普一张空白纸，说："请在这张纸上写下你明天要做的几件最重要的事。"舒瓦普用了5分钟写完。艾维·利接着说："现在用数字标明每件事情对于你和你的公司的重要性的次序。"舒瓦

普又花了5分钟。艾维·利说："好了，把这张纸放进口袋，明天上班第一件事是把纸条拿出来，做第一项最重要的事情。着手办第一件事，直至完成为止。然后用同样的方法对待第二项、第三项，直到你做完为止。如果只做完第二件事，那不要紧，你总是在做最重要的事情。"艾维·利最后说："每一天都要这样做，你刚才看见了，只用10分钟时间。如果你相信这种方法有价值的话，让你公司的职员也这样做。这个试验你做多久都可以，然后给我寄支票来，你认为值多少就给我多少。"一个多月以后，艾维·利收到了舒瓦普寄来的一张2.5万美元的支票和一封信。信上说，那是他一生中最有价值的一堂课！

5年之后，这个当年不为人知的小钢铁厂一跃而成为世界上最大的独立钢铁厂！

主要事情与次要事情泾渭分明，直奔主题，这的确是很多成功者的经验之一。其实但凡有大智慧的人在做事时，都能够分出轻重缓急，他们不会在鸡毛蒜皮的小事上纠缠不休，否则既浪费了时间精力，又延误了重要的事情。生活中，很多人正是因为缺少分辨轻重缓急的能力，所以做事不得要领，从而导致做起事来效率极低。将事情分出轻重缓急来，择其重点而优先处理，这是避免自己过于忙碌的一个重要原则。

成功的人大多是有个性的。他们敢作敢为，敢于对琐事和无聊的人说"不"。他们的心里有一个闹钟，能做自己时间的主人，在什么时候该干什么样的事情，它都会提前予以警报。脱口秀明星拉瑞·金说："我发现在生命中得到得愈多，不论是职业上或金钱上，你就可以挑选得愈挑剔，我现在已经没有'非去不可的午餐'了。"所以在做事的时候，我们主张既要重视精细功夫，也要注意避免琐事缠身。学会判断事情的轻重缓急，就重避轻，效率自然会大大提升，我们便能掌控自己的生活，让人生多一份轻松。

8. 把零星时间利用起来

我们每天的生活和工作中都有很多零碎时间，不要认为这种零碎时间是不能做事的，鲁迅说过："时间就像海绵里的水，只要愿挤，总还是有的。"华罗庚也说："时间是由分秒积成的，善于利用零星时间的人，才会做出更大的成绩来。"卡耐基则强调："零星的时间，如果能敏捷地加以利用，可成为完整的时间。"

当日本本田公司打算在美国建厂时，曾任命一位美国劳工专家参与建厂前的一些准备工作。这位专家受邀到一个工厂进行参观，让这位美国人备感惊讶的是，他发现当工厂休息10分钟的铃声响起时，许多生产线上的员工都会继续工作30~50秒，即使是负责打字的打字员也是要打完一个段落后才停下来。

这位专家说："30~50秒的延迟休息，对于所有员工来说有些不公平，毕竟他们一天工作下来只能休息两次。"

第七章 把24小时"变成"48小时

听专家这样说,本田公司的经理马上说道:"这没什么大不了的,我们所有的工厂都是这样。"

专家不服气,严肃地说:"在美国,这种情况是绝对不会发生的,别指望美国员工会像日本员工这样。美国员工只要铃声一响,就会立刻放下一切工作。他们不想浪费自己的休息时间去工作。"

其实,这位专家的想法是大错特错的。美国本田公司的员工也和日本的员工一样,他们会像主人一样,把工厂看成是自己的,从不会因为多干了一点活儿就满腹怨言。在他们看来,虽然几秒钟不是什么大事情,但聚沙成塔,加在一起可就是个大数目了。

当年,有一家顾问公司曾对美国各个工厂的工人进行过一次调查,调查结果显示,美国工人平均每周要"偷窃"4小时29分钟的上班时间,这相当于一年要浪费6周的时间。而美国本田公司的员工却整整节省了6周的时间,所以美国本田公司的员工一直被称为是最具有生产力的人。

本田公司的员工都清楚,每个人只要节省1秒,全美国本田公司职工就能节省下4000多秒,也就是1个多小时。长年累月,每天额外的1个多小时就会变成许多汽车。所以,员工们经常会说:"1秒钟的威力是多么大啊!"

一个只知道抱怨时间不够用的人是因为不善于利用零碎的时间,不会挤时间做一些必须要做的工作。那些时间的边角料收集起来其实是一笔不小的财富,我们应该学会利用零碎的时间为自己服务。

小额投资足以致富,这个道理显而易见,然而很少有人注意,零碎时间的掌握却足以叫人成功。在人人喊忙的现代社会里，一个愈忙的人，时间被分割得愈细碎，无形中时间也相对流失得更迅速，其实这些零碎时间往往可以用来做一些小却有意义的事情。例如袋子里随时放着小账本，利用时间做个小结，保证能省下许多力气，而且随时掌握自己的荷包。常常赶场的人可以抓住机会反复翻阅日程表，以免遗忘一些小事或约会，同时也可以盘算到底什么时候该为家人或自己安排个休假，想想自己的工作还有什么值得改进的地方，尝试给公司写几条建议等。只要你善于发现，小时间往往能办大事。

　　利用零碎时间，其中有一个诀窍：你要把工作进行得迅速，如果只有5分钟的时间给你写作，你切不可把4分钟消磨在咬你的铅笔尾巴。思想上事前要有所准备，到工作时间降临的时候，立刻把心神集中在工作上。迅速集中脑力。

　　总而言之，要记住，人类的生命是可以从这些短短的闲歇闲余中获得一些成就的。那些极短的时间，如果能毫不拖延地充分加以利用，就能积少成多地供给你所需要的长时间。

第八章
细节决定成败

很多人做事情不拘小节,"差不多"成了他们的口头禅,他们不喜欢处理细枝末节的事情,他们总想做宏观方面的大事情。实际上,真正的成功是靠点点滴滴积累而成的。只有处理好每一个细节,才能让事情按照计划进行。"千里之堤,溃于蚁穴",一个小小的失误,就有可能导致整体的失败。

1. 心思细密才能成事

有人说努力决定成败，有人说机会决定成败，其实决定成败的因素很多。细节同样决定着成败。有多少人距成功就只有一步之遥，却因细节问题而饮恨失败；又有多少人的成功就是源于他们对细节问题的重视。一个人如何看待细节，不仅代表着他对待一件事的态度，还代表着他对人生、对生活的态度如何。

细节是琐碎的、零散的、不惹人注意的。但它的作用往往是不可估量的。有这么一个经典的故事可以告诉我们细节是多么的重要。英国查理三世准备与里奇蒙德决一死战，他让一个马夫为他的战马钉马掌。马夫钉马掌时少了一个钉子，但他偷偷敷衍了事。后来在交战中，查理的战马因少了个钉子，而掉落了马掌，将查理掀翻在地，战争失败了，王国也易主了。

细节不容忽视。心思细密，是成事的必备要素。所谓细节决定成败，影射的是成大事者的一种细腻。成大事者，应当心思缜密，深谋远虑，成大事者如果不拘小节，那么何来大事，多少人卧薪尝胆，就因为一两个细微的漏洞最终前功尽弃。

《武汉晨报》有这样一个报道，江汉大学应届毕业生陈某因为

第八章 细节决定成败

一份简历而使他在应聘时栽了跟头。

事情的经过是这样的：参加招聘会的那天早上，小陈不慎碰翻了水杯，将放在桌上的简历浸湿了。为尽快赶到会场，小陈只将简历简单地晾了一下，便和其他东西一起，匆匆塞进背包。

在招聘现场，小陈看中了一家深圳房地产公司的广告策划主管岗位。按照这家企业的要求，招聘人员将先与应聘者简单交谈，再收简历，被收简历的人将得到面试的机会。

轮到小陈时，招聘人员问了小陈三个问题后，便向他要简历。小陈受宠若惊地掏出简历时，这才发现，简历上不光有一大片水渍，而且放在包里一揉，再加上钥匙等东西的划痕，已经不成样子了。小陈努力将它弄平整，递了过去。看着这份伤痕累累的简历，招聘人员的眉头皱了皱，还是收下了。那份折皱的简历夹在一叠整洁的简历里，显得十分刺眼。

三天后，小陈参加了面试，表现非常活跃，无论是现场操作Photoshop，还是为虚拟的产品做口头推介，他都完成得不错。在校读书时曾身为学校戏剧社骨干社员的小陈，还即兴表演了一段小品，赢得面试负责人的啧啧称赞。当他结束面试走出办公室时，一位负责的小姐对他说："你是今天面试者中最出色的一个。"

然而，面试过去一周后，小陈依然没有得到回复。他急了，忍不住打电话向那位小姐询问情况。小姐沉默了一会儿，告诉他："其实招聘负责人对你是很满意的，但你败在了简历上。老总说，一个连简历都保管不好的人，是管理不好一个部门的。你应该知

177

道，简历实际上代表的是你的个人形象。将一份凌乱的简历投出去，有失严谨。"

这件事给了小陈深刻的教训，从此，他变得细心起来。他深切感到，决定事情成败的，有时往往只是一个小小的细节。

所以说，想折腾出个样子，就不能粗心大意，粗心大意，那就是胡乱折腾。古往今来的成功者，哪一个不是以明睿的智慧处世，行事缜密，三思而行，审时度势，先谋后动，也正是具备这种特质，他们才往往能够化险为夷，力挽狂澜。

成功在很大程度上是要有周密准备的，三思而后行，才能把风险降到最低。古时候的很多战役，就是因为一些领军将领计划不周密才导致战争的失败，可见周密计划对大事影响之大。在我们日常工作中，周密行事也是良好习惯的表现，尤其是竞争激烈的现代社会，一个机遇对我们来说何其重要。如做事的计划因为不够周密而导致某一环节失控，后果是不堪设想的，所谓无论做什么事，我们都应该谨慎细心，以保证自己的计划得以完美实现。

2. 成功或许就在细节处

我们知道，事情都是从一点一滴开始的，但人们总是很难把握好这难以观察的点滴，只有顾全大局，统筹兼顾，事情才会解决好。细心地关注不那么起眼的小事，有时它起着决定性的作用。

泰国的东方饭店堪称亚洲之最，不提前一个月预订是很难有入住的机会的，而且客人大都来自西方发达国家。东方饭店的经营是如此成功，他们有什么特别的优势吗？他们有新鲜独到的招数吗？回答是否定的，没有，什么都没有。那么，他们究竟靠什么获得骄人的业绩呢？要找到答案，不妨先来看看一位赵姓先生入住东方饭店的经历。

赵先生因生意需要经常去泰国，第一次下榻东方饭店就感觉很不错，第二次再入住时，他对饭店的好感迅速升级。那天早上，他走出房间去餐厅时，楼层服务生恭敬地问道："赵先生是要用早餐吗？"赵先生很奇怪，反问："你怎么知道我姓赵？"服务生说："我们饭店有规定。晚上要背熟所有客人的姓名。"这令赵先生大吃一惊，因为他住过世界各地无数高级酒店，但这种情况还是第一次碰到。赵先生走进餐厅，服务小姐微笑着问："赵先生还要老位子吗？"赵先生更吃惊了，心想尽管不是第一次在这里吃饭，但最近的一次也有一年多了，难道这里的服务小姐记忆力这么好？看到他吃惊的样子，服务小姐主动解释说："我刚刚查过电脑记录，您在去年的6月8日，在靠近第二个窗口的位子上用过早餐。"赵先生听后兴奋地说："老位子！老位子！"小姐接着问："老菜单，一个三明治，一杯咖啡，一个鸡蛋？"赵先生已不再惊讶了："老菜单，就要老菜单。"

赵先生就餐时餐厅赠送了一碟小菜，由于这种小菜王先生第一次看到，就问："这是什么？"服务生退两步说："这是我们特有的小菜。"服务生为什么要先后退两步呢？他是怕自己说话时口水不小心落在客人的食物上。这种细致的服务不要说在一般酒店，就是在美国最好的饭店里赵先生都没有见过。

后来赵先生两年没有再到泰国去。在他生日的时候突然收到一封东方饭店的生日贺卡，并附了一封信，信上说东方饭店的全体员工十分想念他，希望能再次见到他。赵先生激动得热泪盈眶，发誓再到泰国去，一定要住在东方饭店，并且要说服所有的朋友像他一样选择东方饭店。

原来，东方饭店在经营方式上的确没使什么新招、高招、怪招，他们采取的仍然是惯用的传统办法：提供人性化的优质服务。只不过，在别人仅局限于达到规定的服务水准就停滞不前时，他们却进一步挖掘，抓住大量别人未在意的不起眼的细节，坚持不懈把人性化服务延伸到方方面面，落实到点点滴滴，不遗余力地推向极致。由此，他们靠比别人更胜一筹的服务，赢得了顾客的心，饭店天天客满也就不奇怪了。

成功者与失败者之间究竟有多大差别？人与人之间在智力和体力上的差异并不是想象中那么大。很多小事，一个人能做，另外的人也能做，只是做出来的效果不一样，往往是一些细节上的功夫，决定着完成的质量。

细节的成功看似偶然，实则孕育着成功的必然。惠普创始人戴维·帕卡德说，"小事成就大事，细节成就完美"。细节并不是孤立存在的，就像浪花展示了大海的美丽，但必须依托于大海才能存在一样，要把重视细节、将大事做细养成一种习惯才行。

3. 细节之中隐藏着机遇

人们常说机会难寻，但是当身边的人不经意间抓住机会获得成功之后，有些人就会懊悔说："当初我也听到这个信息了，但是我怎么就没想到这是个机遇呢？"其实机遇就是隐藏在各种各样庞杂的信息之中，只有真正善于倾听，嗅觉敏锐的人才能够抓住机遇并给予合理利用。

金娜娇是京都龙衣凤裙集团公司总经理，这个集团下辖9个实力雄厚的企业，总资产已超过亿元。她之前是一名曾经遁入空门、卧于青灯古佛之旁、皈依释家的尼姑，而今涉足商界，成就了一段传奇人生。也许正是这种独特的经历，才使她能从中国传统古典中寻找到契机；又是她那种"打破砂锅"、孜孜追求的精神才使她抓住了一次又一次的人生机遇。

1991年9月，金娜娇代表新街服装集团公司在上海举行了隆重的新闻发布会，其实这本是一个再平常不过的商业活动，但是她在返往南昌的回程列车上，却有了意外的收获。

在和同车厢乘客的闲聊中，金娜娇无意间得知了这样一条信息：清朝末年一位员外的夫人有一身衣裙，分别用白色和天蓝色真丝缝制，白色上衣绣了100条大小不同、形态各异的金龙，长裙上绣了100只色彩绚烂、展翅欲飞的凤凰，被称为"龙衣凤裙"。金娜娇听后欣喜若狂，一打听，得知员外夫人依然健在，那套龙衣凤裙仍珍藏在身边。到处打听并虚心求教后，金娜娇终于得到了员外夫人的详细地址。

对一般人而言，这个意外的消息顶多不过是茶余饭后的谈资罢了，可是金娜娇注意到了其中的机遇。

金娜娇得到这条信息后马上改变返程的主意，马不停蹄地找到那位近百岁的员外夫人。作为时装专家，当金娜娇看到那套色泽艳丽、精工绣制的龙衣凤裙时，也被惊呆了。她敏锐地感觉到这种款式的服装大有潜力可挖。

于是，金娜娇来了个"海底捞月"，毫不犹豫地以5万元的高价买下这套稀世罕见的衣裙。机会抓到了一半，把机遇变为现实的关键在于开发出新式服装。

一到厂里，她立即选取上等丝绸面料，聘请苏绣、湘绣工人，在那套龙衣凤裙的款式上融进现代时装的风韵，功夫不负有心人，历时一年，设计试制成了当代的"龙衣凤裙"。

在广交会的时装展览会上，"龙衣凤裙"一炮打响，国内外客商潮水般涌来订货，订货额高达1亿元。

就这样，金娜娇从"海底"捞起一轮"月亮"，她成功了！从中国古典服装开发出现代新型服装，最终把一个"道听途说"的消息变成了一个广阔的市场。

机遇并不总是穿着华彩的衣服，也并不是一个善于外露者，很多时候，机遇就藏在一些小事里，能不能抓住机遇，就看你会不会倾听。其实倾听比滔滔不绝地诉说更为重要，因为别人的信息中可能会传递出有用的信息。不妨多听听你的周围，多关注一下别人的心声，从他人身上汲取更多的东西，久而久之，你就会发现别人的话语是机遇的储存库。

4. 正确的决策源自对细节的追求

被人所忽视的细节中往往藏着风险，在决策时如果你不先考虑好细节，那么就有"阴沟翻船"的可能。因此，决策之前，一定要把方方面面的问题都考虑到。

一个人急匆匆地在路上行走，不知不觉地把一条绳子挂在脚腕上。但他却浑然不知，终于在下坡的时候重重地摔了一跤。生活中，能够绊倒你的也许并不是什么大困难，有时恰恰只是一根细细的绳子就足可以让你大跌跟头。如果你只是匆忙赶路而不注意脚下绳子，迟早会被绊倒。英明的决策者往往都是既能匆忙赶路又能注意脚下绳子的人。

不少人在折腾的过程中也会碰到这种"被绳子绊倒"的情况，这是由于忽视细节造成的，因此对细节问题一定要处理得当。一旦处理不当就很可能因决策错误，造成严重的后果。蜜蜂虽小也可以置人于死地，老鼠虽小也可以让大象毙命。在决策之前，不能仔细分析各个环节中可能会出现的细节性问题，成功的概率几乎为零。

正确的决策源自对细节的无止境的追求。细节追求是可以衡量的，衡量的尺度，就是制定出相应的标准和规范。对细节的量化，是重视细节、完善细节的最高表现。一个没有规则、没有标准的决策肯定是不到位的。

拉锁刚问世时，并不被人们看好，把拉锁缝在飞行员的衣服上更遭到了航天部门的一致反对。一次，一个飞行员执行任务时，衣服上的扣子掉进了飞机的操纵系统里，致使飞机操纵失灵，飞行员死亡，飞机被毁。之后，航天部门才作出决定：将所有飞行员的上衣纽扣都用拉锁代替。这就是一个细节引发的教训，也正是这个细节引发了一项重大决策。

无论你处在哪个位置上，作决策都是必需的。关注一条绳子的作用往往比关注前路的美景更重要。走好自己的路，一定要随时随地看看脚上的绳子是否妨碍了你的行动。如果妨碍了，那你一定要及时妥当地处理它们。

人的一生通常都在如何作决策、作什么样的决策之中循环往复。当你举棋不定时，也许正是因为一个细节的出现令你看到了希望，于是，你才下决心去做一件事。正所谓"一粒沙里看世界，一滴水里照乾坤"。

一个有心人永远都不会放弃对细节的关注。因为他们往往是从细节中提炼精华、作出抉择的。

"观细节作决策"是每一个聪明人都应具备的能力。一个人的成功是由细节塑造的，一个企业的成功也是由细节塑造的。只有细节到位，决策才不会成为失策。

5. 厘清细节才能事半功倍

成功的人大多有着很强的条理性，他们对个人、对公司的情况了如指掌。在做一件事之前，他们总是试图了解所有细节，这样就避免自己陷入一团糟的状态。

上海有地铁一号线和二号线两条线，它们之间存在着巨大差异，可以说正是对"细节"这个问题做出了很好的诠释。

上海地铁一号线是由德国人设计的，看上去并没有什么特别的地方，直到中国设计师设计的二号线投入运营，才发现其中有那么多的细节被二号线忽略了。其中有三条比较明显的。

一、上海地处华东，地势平均高出海平面就那么有限的一点点，一到夏天，雨水经常会使一些建筑物受困。德国的设计师就注意到了这一细节，所以地铁一号线的每一个室外出口都设计了三级台阶，要进入地铁口，必须踏上三级台阶，然后再往下进入地铁站。就是这三级台阶，在下雨天可以阻挡雨水倒灌，从而减轻地铁的防洪压力。事实上，一号线内的那些防汛设施几乎从来没有动用过；而地铁二号线就因为缺了这几级台阶，曾在大雨天被淹，造成巨大的经济损失。

二、德国设计师根据地形、地势，在每一个地铁出口处都设计了一个转弯。这样做不是增加出入口的麻烦吗？不是增加了施工成本吗？但当二号线地铁投入使用后，人们才发现这一转弯的奥秘。其实道理很简单，如果你家里开着空调，同时又开着门窗，你一定会心疼你每月多付的电费。想想看，一条地铁增加点转弯出口，省下了多少电，每天又省下了多少运营成本。

三、每个坐过地铁的人都知道，当你距离轨道太近的时候，机车一来，你就会有一种危险感。在北京、广州地铁都发生过乘客掉下站台的危险事件。德国设计师们在设计上体现着"以人为本"的思想，他们把靠近站台约50厘米内铺上金属装饰，又用黑色大理石嵌了一条边，这样，当乘客走近站台边时，就会有了"警惕"，意识到离站台边的远近，而二号线的设计师们就没想到这一点。地面全部用同一色的磁砖，乘客一不注意就靠近轨道，危险！地铁公司不得不安排专人来提醒乘客注意安全。

从这三点中可以看出重视细节和忽略细节的差距是多么的大！遗憾的是，我们看到很多人把"马虎"当成了习惯，他们对任何事情都只想随便敷衍一下，从来不会想到要去完完整整地把它做好。这些人脱下衣裳、解下领带就随手一扔。他们正在做事时，如果遇到他们不得不跑开一趟的情形，就不管事情已经做到哪里而立刻顺手扔开，只想当然地认为回来再做罢了。这种青年人一旦跨入社会，工作起来一定会把自己的四周弄成一团乱麻，他们在做事时也一定只会抱着一种"敷衍了事主义"。

如果你多费一点心思，做任何事情都求一个结果，任何东西都要收拾好，当你以后要做时再把东西找出来，不知道要节省多少时间和精力，不知道要节省多少无意义的麻烦与苦恼。有些人自己失败以后常常想不出来其中的原因，其实，他面前的那张写字台已经把其中的原委老老实实地说出来了：桌面上到处是乱纸和信封；抽屉里塞满了各种物品，乱七八糟；报架上报纸、文件、信纸、稿件和便条堆得混乱不堪，毫无头绪。

拿破仑·希尔要录用一个秘书，决不在乎他的推荐人是谁，拿破仑·希尔最注意的还是他的房间里桌椅家具的陈设与整理。其实，大凡你身边的一切用具和摆设都是揭露你日常习惯的最可靠的证人；你的行动、谈吐、态度、举止、眼睛、服饰、装束……也无不在毫不客气地揭露你是什么样的人。而且，它们往往也把你自己还不明白的失败原委给老老实实地说了出来；把你自己还如丈二和尚摸不着头脑的穷困理由也一五一十地告诉了你自己。

在公司里，如果你是一个认真仔细的人，能够把所有细节都考虑得很周全，把每一个细节都做得很到位，那么日常的工作对你来说肯定条理清楚，处理起来事半功倍。时间长了，你肯定能赢得上司的青睐，在自己的职场路上越走越顺畅。相反，如果你是一个不拘细节，得过且过的人，那么上司肯定不放心把重要的任务交给你，只会让你做一些简单的事情，久而久之，你在上司眼中就成了无关紧要的人，也就是我们常说的职场边缘人。所以，请记住，只有重视细节，才能做好工作，赢得上司的信任。

6. 重视细节让工作更出色

人生由细节构成，事业由细节构筑，细节中往往包含着决定成败的因子，一个人如果能养成注重细节、谨慎细心的工作习惯，那他也就握住了成功的脉搏。

A小姐和B小姐都是某知名企业的公关员，因为最近老总有计划要裁员，A小姐和B小姐都在工作上较起了劲。一段时间后，公司决定为一个即将启动的项目举办个剪彩仪式，一切工作就都交给A小姐和B小姐负责，这也是对她们俩的一次变相的考验。剪彩仪式上，两人的表现都很精彩，不过最后老总还是在一个小细节上判定了两人的胜负。那天的仪式，原定由5位市里的领导剪彩。当5位领导被请上台后，老总发现台下还有一位相当级别的领导也来了，于是又把这位领导也请上台一同剪彩。A小姐急得眼泪差点掉下来：这可要出洋相了！关键时刻，B小姐却从手袋里又拿出一把剪刀递上去。6位领导喜气洋洋地剪完了彩，皆大欢喜。3天后，人事部下了一个通知：A小姐走人，B小姐升任公关经理。

A小姐和B小姐的成败，就系在了一个小小的细节上。一个看似不起眼的细节，你把它处理好了，可能就会得到一份意外的惊喜。所以工作中，我们一定要注意培养细心谨慎的习惯，为未来的事业打基础。

　　一个人的能力往往是通过一个又一个细节来展现的，所以关注细节的人，就比较容易获得他人的良好印象，当然也就可以更顺利地走向成功。

　　卡耐基曾说过："不要害怕把精力投入到似乎很不显眼的工作上。每次你完成这样一件小工作，它都会使你变得更强大。如果你把这些小工作做好了，大的工作往往自己就迎刃而解了。"看似不起眼的小事，如果你把它做漂亮了，也许就是决定你命运的一个契机。

　　做任何事情都应竭尽全力，尽善尽美，如果一个人能够养成这样的习惯，一生一定可以过得充实，工作也一定会做得更出色！

第九章
有实力才能经得起考验

所谓实力,除了天赋以外,剩下的往往是一种习惯,如亚里士多德所说,"优秀是一种习惯"。实力的高低是事业成功的最基本保证,你的未来能走多远,你能够折腾到什么程度,也大抵取决于此。实力需要不断去培养,半分松懈不得,因为它是一种不折不扣的资源,是资本,是财富,更是无价之宝。

1. 做大事需要一种"空杯心态"

我们都有这样的习惯：总以为自己长大了，什么都懂，什么都明白，所以不知从什么时候就开始自以为是，老人的话听不进去，上司的教诲只当是耳旁风，就连面对朋友的劝告也是一脸的不耐烦。栽了跟头，吃了亏以后才明白自己什么都不是，还有很多的事情不明白。我们应该学着谦卑一些，因为只有先倒掉自己杯子里的水，才能得到更多、更新、更有用的东西。

古时候有一个佛学造诣很深的人，听说某个寺庙里有位德高望重的老禅师，便去拜访。老禅师的徒弟接待他时，他态度傲慢，心想：我是佛学造诣很深的人，你算老几？后来老禅师十分恭敬地接待了他，并为他沏茶。可在倒水时，明明杯子已经满了，老禅师还不停地倒。他不解地问："大师，为什么杯子已经满了，还要往里倒？"大师说："是啊，既然已满了，干吗还要倒呢？"

禅师的意思是，既然你已经很有学问了，干吗还要到我这里求教？这就是"空杯心态"的故事。它最直接的含义就是一个装满水的杯子很难接纳新东西，要将心里的"杯子"倒空，将自己所重视、在乎的很多东西，以及曾经辉煌的过去，从心态上彻底了结清空，只有将心"倒空"了，才有胸怀接受新的东西，才能拥有更大的成功。这是每一个想折腾出一番事业的人所必须拥有的重要心态。

在社会上折腾这么多年，说大不大，说小也不小，跌跌撞撞地走到了现在，无论是已经成功，还是仍然在为成功而努力，多少都会在心中有些感慨。曾经的我们觉得自己什么都明白，但真的去做事的时候却发现自己什么都不明白，正当我们双手空空地抱怨难道这就是人生的时候，突然明白了一件事情，那就是我们没有把自己思想里的那杯水倒干净，正是因为这个原因，新兴的知识和正确的意识总是倒不进自己的"杯子"，也就不能形成正确的思想和经验保存在我们的心里。

干工作不能有一点成就就沾沾自喜，因为今天的成就不能代表明天，明天也不能代表后天。我们每天工作时都应该重新停留在新的起点上，因为起点才能让我们更渴望到达终点，才能让我们满怀信心，从零开始，把一切成就都抛到脑后，取得更多的辉煌。

林语堂大师曾经说过这样一句话："人生在世，幼时认为什么都不懂，大学时以为什么都懂，毕业后才知道什么都不懂，中年又以为什么都懂，到晚年才觉悟一切都不懂。"空杯心态就是随时对自己拥有的知识和能力进行重整，就是永远不自满，永远在学习，永远保持身心的活力。拥有空杯心态的人就像一个攀登者，攀越的过程，最让人沉醉。因为这个过程，充满了新奇和挑战，下一座山峰，才是最有魅力的。正是这种空杯心态，让很多人的事业渐入佳境。

这个世界上有很多东西值得学习，即便你很有才华，在自己工作的领域也有很高的造诣，也要明白天外有天，人外有人的道理。要想不被这个时代淘汰，要想得到更多的知识，就不要总是顽固地坚守着自己"杯子里的水"而不愿意倒出来，总是抬着自己那孤傲自满的头，对别人的言辞表示轻视。这个世界上最聪明的人，往往都是那些虚心求教的人，只有"倒空"自己，才能将新的知识容纳进来，只有把自己"杯中的水"倒出来，才能给新的知识留出一个存放的位置。

2. 不懂装懂就是自欺欺人

曾听过这样一个笑话：

某人问："你怎样评价莎士比亚？"

甲说："还可以，只是口感不如'XO'。"

乙反驳道："喂！你不要不懂装懂！莎士比亚是一种甜品，怎么被你说成酒了！"

莎翁，何许人也！竟被拿来与食品相提并论，可怜他一代文坛泰斗，若闻听此言，恐怕再也难瞑目了。这个笑话真的令人啼笑皆非，寥寥数语，满含哲理。它告诫我们：知道就是知道，不知道就是不知道，不要不懂装懂。

年轻时，我们血气方刚、年少气盛，有时也会犯不懂装懂的毛病。可到了一定年龄以后，人生进入了奋斗的黄金期和冲刺期，这便需要我们尽量地去充实和完善自己，这个时候，倘若你依旧不懂装懂，那真是对自己的一种不负责了！

事实上，我们每个人都不可能对任何事情精通于心，必然有很多需要弥补和学习的地方。而不懂装懂就好像是给不足之处盖上了一块遮羞布，施了个障眼法，暂时挡住了别人的视线，让自己能够苟延残喘。殊不知，等到真相大白的那一天，不懂装懂的人终究是要为自己的无知付出代价的。

有个北方人，到南方去做官，刚到南方，肯定有许多事情弄不明白，如果虚心请教别人，也许并不难懂。可这位先生不想去问别人，那样显得自己太无知，岂不是太没面子了。他宁肯不懂装懂，结果惹出许多笑话来。

有一次，地方上一个乡绅请他去做客，大家聊得很开心，这时，仆人送上一盘菱角。这位北方官没吃过菱角，又不好意思问，主人家又一再请他先尝，无奈，他只好拿起一只菱角，放到嘴里去嚼。主人看他连壳也没有剥就吃了，心里很诧异，问他："这菱角是要剥了皮才好吃的，你怎么整个丢到嘴里去嚼呢？"他明知自己弄错了，却一本正经地说："刚刚到南方来，有些水土不服，连壳都吃掉了，为的就是清热解火。"

主人摇摇头，说："我们怎么没听说过呢？你们那儿这东西很多吗？"那人答道："多得很哪！山前山后到处都有的长呢。"主人不禁哑然失笑。

还有一次,他和一位朋友逛街,走到菜市场,他们看到一个人在卖姜。这人没见过姜是怎么生长的,就问道:"一棵树上一年能结多少姜?"卖姜的人和周围的人都笑了,他们说:"姜是地里长的,怎么能是树上结的呢?"他却硬是和别人争辩个没完:"你们真是笨呀,姜是树上结的,我会不知道?我们邻居家就有一棵姜树,不信,我们问问去?"他虽然这样说,但心里也发虚,因为他知道他的邻居家根本没有姜树,他不过是为自己解围罢了。

他的朋友心里明白他是不懂硬要装懂,于是,便故意对大家说:"他这么有学问的人会不知道姜是地里长的吗?他不过是考考你们,看你们能不能敢于坚持自己的见解。对的,就要敢于坚持,错的,也要敢于改正,这样才能进步啊!"

那人听了朋友的话,脸红了。

其实,不懂就不懂,为何要装懂呢?细思之,但凡带此陋习者一般原因有二:一是肚中本来没有多少知识,一旦被人问住,想回答"不知道",但是又怕自己丢人,所以只好不懂装懂,信口胡诌,答非所问,敷衍了事,从而得以脱身;二是自己的能耐不大,但是却耐不住寂寞,于是就开始在人前人后"打肿脸充胖子",摆出一副博古通今的架势,张嘴就是"张飞打岳飞,打得满天飞",专门吓唬那些学识浅薄的人,从而借以扬名。

说到底,不懂装懂其实就是自欺欺人,更是一个人在求知过程中对待缺点和不足的一种遮掩。

可见,不懂装懂不仅无用,反而有害。汉代鸿儒董仲舒曾写道:"君子不隐其短,不知则问,不能则学。"所谓"不隐其短"就是要敢于承认自己的不足，敢于解剖自己。"不知则问"就是让自己少几分羞涩与虚伪，多几分坦诚与谦虚。"不能则学"就是要学习自己原来不明白的东西，弥补缺陷，不断充实自己，成为一个有真才实学的人。

既然想要折腾出个样子，就不要再犯年轻时不懂装懂的毛病，我们唯有踏踏实实地学习，实事求是地做人，才能够在人生道路上站得稳、走得端。

3. 肯张嘴去问，你才能收获更多

每个人都不是全才，总有一些问题是我们不懂的，总有一些事情我们从来没有做过。这时候最明智的办法就是虚心向别人请教。我们不要把它看作是一件丢人的事情，恰恰相反，它是一种美德。孔子有句话说得好："三人行，必有我师焉。"每一个人都有自己的长处。一个人要想成功，实现自己的美好理想，就得善于向所有的人学习。正像孔子说的，学习别人的优点，对于别人的缺点和不足要注意防止在自己身上发生。

向人请教是一种美德，也可以让你在不断请教中获得自我的提高。当你不断向比自己高明的人请教，不断地汲取他们身上的经验和能力，那么总有一天你将成为他们之中的一员。虚心求教就是有这么神奇的力量，它会在不知不觉中改变一个人对待事物的看法，最终让他树立正确的方向和目标，从而改变自己的人生。

美国一家大银行的董事，他原是出生于南部的一个农村少年。一天，他看到一本杂志上介绍了一些大实业家的故事，他很想知道这些大实业家是怎么发家的，希望他们给自己提供一些思路和经验。于是，有一天他不管不顾地跑到纽约著名的威廉·B.亚斯达的事务所。他对亚斯达说："我很佩服您的创业精神，我想知道我怎么才能赚到100万美元？"亚斯达非常欣赏这个小伙子的胆量和雄心，微笑着与他谈了一个多小时，告诉了他许多好的经验，临走时又向他介绍了其他几个实业家。

他按照亚斯达的指示，请教了许多一流的商人、总编辑、银行家等。通过询问，他得到了很多知识、经验以及成功者的思想作风。他开始仿效他们成功的做法。仅仅过了两年，当那个青年刚满20岁的时候，就已经成为他当初做学徒的那家工厂的主人了。24岁的时候，他又成了一家农业机械厂的总经理。以后不到5年，他就如愿以偿地拥有了百万美元的财富了。最终这个来自农村的少年，成为一家大银行董事会的一员。

虚心求教的魅力就在于它能够帮助你不断地提升自己的品位，让你得到更多的知识。只要你是一个有心人，就可以在汲取别人的经验教训的同时，将其与自己的思想和理念进行有效的结合，从而创造出一个更为强大的成功秘诀。

郑板桥是一位有名的画家，但他从来不骄傲。有一次，他路过一家画店，看见店主人画的画很好，就拜这位店主人为师，跟他学画画。之后，他又巧妙地把自己的画法和店主人的画法结合起来，使自己的画画得更生动、更形象了，创出了自己独特的字画风格。

郑板桥之所以画得好，不正是因为他非常谦虚吗？一个人如果虚心，到处请教，他的知识面会越来越广。一个人如果学会一点就骄傲自满，那么他就永远不会有进步。

有些人不愿意向别人请教，觉得向别人请教就是告诉人家我不如你，觉得是在向别人示弱，觉得心里不舒服。说来说去，还是放不下架子，去不掉虚荣心。只要你放下架子，去掉虚荣心，你就会大有收获。

一件事你可能想一天甚至想几天也想不通，可是你向别人请教，别人一句话可能使你茅塞顿开，如拨云见日，岂不是大大缩短你做事的时间？三国时，刘备三顾茅庐，诸葛亮的一场"隆中对"，把刘备多年的迷惘理得一清二楚。从此，刘备走上节节胜利的道路，最终建立了蜀国，成就了自己的霸业。

总而言之，请教是一门艺术，掌握了这门艺术，你会受益匪浅；请教是一门学问，掌握了这门学问，你会在激烈的竞争中步步为营。但最重要的是，请教是一种美德，有这种美德的人，能够获得更多人的肯定、帮助和认同。当你不断地汲取着新鲜的知识和养分的时候，你就会不断地强大起来。我们千万不要忽略请教的力量，有些时候，别人一句话，一条经验，说不定就能帮助你少走很多年的弯路，原因很简单，这些弯路他曾经走过。

4. 你需要发现并弥补自己的不足

曾听过这样一个故事，很有趣，也很有寓意：

有一只狐狸，总是百般掩饰自己的短处。它想抓野鸭，但野鸭飞走了，它说："我看它太瘦，等以后养肥了再说。"它到河边捉鱼，被鲤鱼扫了一尾巴，它说："我根本不想捉它，捉它还不容易？我只是想利用它的尾巴来洗洗脸。"话没说完，它脚下一滑，掉进了河里，同伴见状打算救它，它说："你们以为我遇到危险了吗？不，我是在游泳……"说着说着，它便沉了下去。这时同伴们说，"走吧，它又在表演潜水了。"

大家或许觉得这只狐狸很可笑又很可悲，但我们有没有发现，其实它和我们之中的一些人颇为相似。我们有时也是这样自欺欺人，生活在自我构造的"完美"世界之中，认为自己的缺点见不得光，不敢去面对，于是极力掩饰。

其实，这个世界上没有人一无是处，更没有人会十全十美。尺有所短，寸有所长，人有缺点，也必有优点。很多人自卑，觉得自己这也不好、那也不好，什么都不如人家，恰恰是因为他们在看自己时，眼中就只有缺陷，那么拿自己的缺陷去比较人家的长处，当然相形惭愧；又有一些人很是自负，觉得自己简直无可挑剔，就是因为他们只能看到自己的优点，而看别人时又只看缺点，于是便开始飘飘然不知所以；还有一些人便如故事中的狐狸一样，明知自己有短板，却死不承认，到头来还不是欲盖弥彰？这种人很虚荣，也很累。

显而易见，上述种种意识形态都是极不可取的。在人生这条路上，如果说我们还想折腾出个样子，那么就一定要做到自知，要知道自己的缺点在哪里，并去弥补它，这样才会越来越有实力。

一般来说，我们身上容易出现以下几个毛病，大家去对照一下，有则改之，无则加勉。

（1）热情不足。

美国的《管理世界》杂志曾进行过一项测验，他们采访了两组人，第一组是事业有成的人事经理和高级管理人员，第二组是商业学校的优秀学生。他们询问这两组人，什么东西最能帮助一个人获得成功，两组人的共同回答是"热情"。

热情之于事业，就像火柴之于汽油。一桶再纯的汽油如果没有一根小小的火柴将它点燃，无论汽油质量再怎么好也不会发出半点光，放出一丝热。而热情就像火柴，它能把你拥有的多项能力和优势充分地发挥出来，给你的事业带来无穷的动力。

一个人如果没有热情，就不会激发出自身的潜力，又会给人一种心灰意冷、毫无前途的印象，这样的人终将遭到遗弃。

（2）适应能力差。

能否适应不同的环境，是一个人承压能力的体现，这是因为人的压力主要发生在自身进行变革时。成功者不仅有能力去适应变革，而且更有能力去促进变革。

适应能力的本质，就是参与冒险的能力。成功者大多知道，转变与冒险是同时存在的，对于成功者而言，转变不仅是时势所迫，而且往往是不可避免的。因此说，若想折腾出个样子，就一定要有意识地培养自身的适应能力。

（3）缺乏自信。

独木桥的那边是一种奇境，有各种果实，诱人前往，自信的人大胆地过去采摘，而缺乏自信的人却在原地犹豫：我是否能走过去？——而果实，早已被大胆行动的人先行一步，收入囊中了。

自己都信不过自己，别人怎么能相信你？但凡成功者都是非常自信的，强烈的自信心不仅能振奋自身士气，亦可在气势上压倒对手，取得意想不到的效果。对于想做大事的人而言，没有机遇或没有条件尚情有可原，如果是因为缺乏信心而失掉机会乃至导致失败，未免就太过可惜、可怜、可悲了。

（4）自负。

人不能不自信，但也不能太自信，否则就成了自负，就会对自己做出不切实际的评价，别人也会因此认为你是个妄想狂，不会很好地与你相处。

美国威特科公司总裁托马斯·贝克曾经说过，你可以聘到世界上最聪明的人为你工作。但是，如果他孤芳自赏，不能与其他人沟通并激励别人，那么，他对你一点用处也没有。

其实这段话也可以这样理解：你可以是世界上最聪明的人，但是，如果你孤芳自赏，过于自负，不能与其他人沟通并激励他人，那么，你一点用处也没有，不可能获得成功。

一个人如果太自负，就可能会固执己见，一意孤行，一旦走入死胡同，就要追悔莫及了。

（5）用心不专。

无论做任何事，"三心二意"都是不可取的。不将精力集中在你的目标上，而去考虑其他无关紧要的事情，必然会分散精力。一个人的精力是有限的，没有足够的精力开创事业，自然不会有什么大作为。专心致志的人往往会成为人们赞赏的对象，他们的事业往往也会比三心二意者做得更大。

当然，存在于人们身上的缺点远不止这些，在这里就不多做表述。其实，只要你能时时反省自己，以客观的眼光去看待自己的所言所行，缺点必然会无处容身；只要你在发现缺点以后，能认真去思考缺点产生的原因并积极加以改正，你就会愈发优秀起来。那么还等什么？马上找出自身的软肋，弥补自我，让自己一天比一天更接近成功。

5. 只有不断学习，才能够免于淘汰

在这个充满竞争的时代，我们一直都在追寻着自己的人生价值。我们希望得到更好的发展，拥有更多的成就感，最终实现自己

的目标和梦想。但是这一切又该怎样得到落实呢？归根结底，还是逃不开"学习"二字。不要觉得自己毕业了就不需要学习了，若想走在别人的前面，你就需要不断地为自己充电，这是一条永恒不变的规律，只有遵循这条规律的人，才能成为这个时代的强者。

现实告诉我们，想要生存，就必须及时更新自我，只有不断学习新的技能、不断提升自身价值，才能增进自己的竞争优势，才不会被新锐力量"篡位夺权"！

美国ABC晚间新闻当红主播——彼得·詹宁斯，曾一度辞去令人艳羡的主播工作。他毅然决定前往新闻第一线磨砺自己，这段时间，他从事过普通记者工作，做过美国电视网驻中东特派员，而后又被派往欧洲地区。

历练过后，当他再度回到ABC主播台时，已由略显青涩的"初生牛犊"，转型为成熟稳健的主播兼记者，他受观众欢迎的程度在台内简直无人可比，他的事业俨然又上升了一个高度。

彼得·詹宁斯的过人之处在于，他在跻身行业翘楚之列以后，并没有妄自得意、骄傲自满，而是选择将自己"下放"，继续为自己充电，从而使得自己的事业再次走向了高峰。毋庸置疑，彼得·詹宁斯的这种人生态度，是很值得我们学习的。对于30岁的男人而言，若想在人生之中有所建树，无论你身处哪一岗位、从事何种事业，都不能停下学习的步伐。你应该清楚地意识到，知识、技能是事业的基石。在它们能够支撑你的事业时，绝不能懈怠，令其落在时代后头；当它们不能达到事业要求时，你必须加重学习任务，以适应时代的变化。如此你会发现，在瞬息万变的信息时代，学习就是安身立命、开创天地的一把利器，只有通过学习来超越自我，你的人生才会更有意义。反之，若是一味沉浸在以往的成就中扬扬自得，不思进取，不去学习适应社会发展的能力，你的人生就一定会受到阻碍，甚至停滞或是倒退。

想必大家应该有所了解，当今的企业对于不思进取的人，根本毫无情义可言。每一名员工必须对自己的工作技能负责，必须不断提升自己的价值，竞争是残酷的，你不去征服它，就只能被竞争所淘汰。

现如今，知识、技能"折旧"的速度越来越快，未来职场的竞争，将会逐渐由技能竞争转化为学习能力的竞争，一个善于学习且能够坚持学习的人，势必为社会所青睐，前途必然会一片光明。

坚持学习，你就能掌控住每一个成功的机会；坚持学习，你"点石成金"的手指就一直不会褪色，对于一个人而言，坚持学习是成功不可或缺的条件。所以，学习应该成为我们生活中的一种习惯，俗话说："活到老，学到老。"它不仅可以提高我们的修养和品位，还可以帮助我们更好地实现自我价值，使我们能够永远行走在时代的前沿，而不至于被这个知识不断更新的时代所淘汰。朱熹在一首诗中说："问渠哪得清如许？为有源头活水来。"如果你想使自己在社会竞争中永远"清如许"，那就必须不断为自己注入新鲜的源头"活水"。这里面的"活水"就是知识，常言道："知识改变生活，知识改变命运。"随着知识的更新，时代在进步，人也必须要进步，如若不然，实现自己人生价值的愿望将仅仅只是个梦而已。

6. 用学习来拓宽自己的知识面

一个具有丰富知识经验的人，比只有一种专业知识和经验的人更容易产生新的联想，宽广的知识面不仅有助于人们进行专项研究，还可以增强人们的个人魅力，使交际面更加广泛，从容应对各种各样的生活问题。

犹太人被称为是"杂学博士"。与犹太人聊天时，他们的话题涉及政治、经济、历史等各个领域，即使认为与买卖没有多大关系的东西，犹太人也相当了解。广博的知识不仅丰富了犹太人的话题和人生，而且对他们做生意时作出正确的判断起着不可估量的作用。

掌握更多的知识，拓宽自己的知识面，离不开学习这一途径。只有通过学习，才能掌握更为丰富的知识，建立一个完善的知识结构。

欧洲文艺复兴时期，涌现出了很多多才多艺的大学者，最典型的就是达·芬奇。他不但是大画家、大数学家和力学家，又是非常杰出的工程师，并且在很多领域都做出了伟大贡献。他认为，绘画必须是实体的精确再现，他坚信数学能帮助达到这一点。所以，数学就是他"绘画的舵轮和准绳"。正因为如此，后人称赞他是"科学上的艺术家，艺术上的科学家"。中国作为古老的文明古国，多才多艺的学者也比比皆是。中国汉代的张衡对天文、地理、数学、机械、文学、绘画都有很高的造诣。祖冲之是个闻名于世的数学家，但他对天文、文学、音乐也有着广泛兴趣，还曾对中国历法做出了重要贡献。明代李时珍在中外医学史上占有很重要的地位，他不仅对医学、药学而且对文学也深有研究。

对普通人而言，拥有达·芬奇的知识结构并没有现实意义。比尔·盖茨的文学知识未必专深，音乐知识也仅限于能听懂音乐，但这并不妨碍他成为世界首富。可见，一个生活在现代的人终其一生，如果能在一个门类里，在两三个学科有重大建树，那么就是大师级的人物了。

一个人获取知识的渠道越多，他的知识涵盖面就会越广。但是我们也应该考虑到，个人的精力毕竟是有限的，他不可能将所有的知识和技能集于一身，那样的人即使在神话世界里也不可能出现。所以有才能的人必定是在某一方面有专长的人，面对人类文明的巨大财富，他知道选取对自己最有用的东西，以武装自己，找到适合于自己做的事业并获得一定的成就，是幸福的关键。

天下最可悲的事，莫过于一个人不能发现自己一生所要从事的真正事业，或者发现自己随波逐流或为环境所迫，从事不合志趣的职业。这一切，都源于他们没有在学校学习期间按自己的特长来发展自己，摄取知识。因此，学习的前提是先为自己规划合理的知识结构。

这时候，你也许会皱起眉头说："什么结构不结构的，我已经毕业这么多年了，每天忙工作已经很累了，哪有时间学习。再说，我的脑子已经不够用了，时间也不够用了，再学习还不要痛苦死！"其实你大可不必这样伤神，你的未来没有要求你一定要掌握几门外语，攻克什么世界难题，而是要在工作中不断地总结经验，同时不断更新自己在工作中必须应用到的那些知识，只有这样，我们才能把工作越干越好，才能在我们的头脑中形成最为系统的知识结构。

我国著名科学家茅以升说："专业是分工的结果，分工越细，专业越精，专精是需要的。专精不能孤立，专业越精，发生关系的方面也越多。如同建宝塔，塔越高，则塔的基础愈扩大。专精需要广博的知识。"我们的工作需要知识，我们的未来需要知识，我们的人生也需要知识。学习不单单是只有学生们需要做的事情，现在的你也同样需要。它会帮助你打开一个崭新的世界，能够帮助你更好地完成自己的工作和事业，当然最重要的是，它可以让你体味到更多成功的感觉，让你在不断实现自我的价值中，不断成就梦想和希望。

知识，是人类的财富。有了知识，我们的未来才会充满光明。现在，我们虽已经不是做梦的年纪，却对自己的未来有了更现实的规划和设计，要想让自己的想法最终得以落实，我们必须要不断地学习，不断地努力。成功路上没有捷径，努力学习吧，相信不远的将来你一定会实现自己更高的人生价值。

7. 经营好"一技之长"

人生是短暂的，我们不能活得没有一点特点。如果想在自己还没有老去之前享受到获得成功的那份成就感，那么从现在开始，好好思考一下你的专长是什么吧！这不是在浪费时间，而是在帮助自己找到一条开启明天的入口，有了它你才会有方向，有了它你才不至于迷茫，才会真正明白自己现在应该做些什么。

尽管外面的世界竞争不断，但当你迈向竞争者的行列之前，还是要思考这样几个问题，你的优势是什么？你拿什么去和别人竞争？你有没有发现自己的专长？这个时代很现实，如果你活得没有一点特色，别人是不会注意到你的。现在，我们正是为自己的前程努力的时候，但是这个时候，如果你还是没有发现自己最善于做的事情是什么，而只是为了打工而打工，为了生活而生活的话，那只能说你已经在某种程度上败给了别人。

这个时代没有要求你成为一个万能的多面手，只要你精通一门手艺，在别人眼中你就是可塑之才。这个世界说复杂也复杂，说简单也简单，不管风云如何变幻，有专长的人永远是最吃香的。他们很多人可以靠着自己的优势养活自己一辈子，甚至还可以为自己开拓一条通往成功的道路，在自己的领域干出一番惊天动地的事业。

这就是专长的重要，这就是专长对于一个人来说的魅力所在。

世界著名男高音歌唱家、世界歌坛超级巨星鲁契亚诺·帕瓦罗蒂回忆说："当我还是个孩子的时候，我的父亲——一个普通的面包师，把我引入了歌的王国。他要我勤奋，以开发我嗓子的潜力。我家乡的一位职业歌星收我为徒，同时我还在一所师范学校就读。

"毕业时，我问父亲：'我是当教师呢，还是做个歌唱家？'

"我父亲回答说：'如果你要同时坐在两把椅子上，你可能会从两把椅子中间掉下去。生活要我们只能选一把椅子坐上去。'

"我选了一把椅子。经过7年的努力和失败，我才首次登台亮相。又过了7年，终于在大都会歌剧院演唱。现在想一想，不管你是搞建筑，或是写一本书——无论我们干什么——都应该把毕生精力献给它，矢志不移。这就是我成功的秘诀——只选一把椅子。"

人的一生，存在着一种危险，那就是"平庸"二字。知识是有一些的，但没有专长，有的人很好学，似乎什么都想学一点，杂是杂了些，又称不上"家"，所以仍然派不上用场。而学有专长，则是一条迅速成长之路。人各有所长，如果能以自己某一方面的专长为基础，坚持不懈地努力，去求发展，那肯定是很有前途的。

下面再来看一个"一线万金"的故事：

有一次，福特公司有一台大型电机发生了故障，特邀德国电机专家斯泰因梅茨"诊断"。他在这台大型电机边搭上帐篷，整整检查了一个昼夜，仔细听电机发出的声音，反复进行着各种计算，然后踩着梯子上上下下测量了一番，最后用粉笔在这台电机的某处画了一条线作记号。然后他又对福特公司的经理说："打开电机，把作记号地方的线圈减少16圈，故障即可排除。"工程师们半信半疑地照办了，结果电机运转正常了。众人为之一惊。

事后，斯泰因梅茨向福特公司要10000美金作为酬劳。有人忌妒说："画一条线就要10000美金，这是勒索。"斯泰因梅茨听后一笑，提笔在付款单上写道："用粉笔画一条线，1美元；知道在哪里画线9999美元！"

这就是专家的水平。看上去，他个人的所得实在太丰厚了，但如果仔细琢磨起来，他为这条线能够画得如此准确而付出的心血又怎能用金钱来衡量呢？再者，如果不是他准确无误地画准了这条线，福特公司为排除这一故障不知要花出比这一酬劳多多少倍的价钱呢！

由此看来，人才就是价值，人才就是财富，而人才又必须有专门的技能，有哪一家公司不愿招聘到一流的专业人才呢。你想在就业中获得一个好职位吗？请早早努力，尽快使自己成为某一方面的人才吧！

下面再来看看这样一个例子：

纪晓光是广州一家工厂的幼儿园教师，1996年下岗。下岗后，她并没有意志消沉，而是不断用知识充实自己，提高自己的自身素质。她先后学习了医学美容、美术、插花、制衣、经络等很多知识，最后决定在美容界发展，开了一间"金玉美容阁"。纪晓光与美容女工们热情地接待每一位来做美容的客人，不断地提高自己的美容技术，力争做出本店的美容特色。结果生意越来越兴旺，熟客也越来越多，这真应了那句"酒香不怕巷子深"的生意行话。

  这个时代不需要庸才，而是需要那些有专长的人。因为时代的前进需要技术，需要专长，只有社会中的每一位精英都在自己的位置上不断地创造辉煌业绩，世界才能不断地向前推进。一个人一无所长是一件非常危险的事，这样的人是职场上最脆弱的一群，经不起一点风浪，很容易被淘汰出局。所以不管以前的你是什么样子，从现在开始，发现自己的优势，完善自己的专长，一切还都不算晚。相信你一定会用自己的优势走向一个又一个成功，在自己的领域独占鳌头，干出自己的成绩和事业。

  你也许想过自己做点什么，却发现自己什么都不会。在如今这个世道，最害怕听到的就是这句"什么都不会"，其实，没有人逼着你成为天下无敌的多面手，只要你能掌握一门专长就可以开开心心地经营好自己的人生。

8. 默默地储备，就可能一鸣惊人

在遭遇重大事件时，你能否克服自卑，取得成功，就全看你的准备有多充分。

小蒋是一所著名大学的学生，他在全国著名高校辩论赛中表现突出，引起有关部门注意，毕业后留在了市政府做秘书，但当他谈起那次辩论赛获胜的原因时，他却这样说：

"我在辩论赛中按规定要答复对方辩友的演说词，而对方辩友的演说词在我看来简直是无可辩驳的。那时的规定是允许对方有一天的准备时间。

"那时，我觉得对方的演说词好像无可辩驳，但明天比赛开始时，不管怎么样终究不能不做出答辩。我没有充分的时间做准备，但我所答复的问题将会成为我方能否取胜的关键。最后我的演说获得了巨大的成功，也最终促成了我方的胜利。

"那篇演说稿是我当夜写出来的，其中的大部分材料，都是从书桌里的一堆笔记上得来的。这堆笔记是我以前为了研究其他问题摘录下来的。这就是说，正是我以前所做的储备在这一次派上用场了。"

在你从事各种事业时，体力、道德、智力的储备都是十分需要的。你要是有志于做大事，必须使这些能力有相当的储备，只有这样，才可以担当重任，才可以应付非常事件。

普法战争之前，普鲁士的毛奇将军在军事上所做的准备是最好的例证，战斗力的储备和军事计划的准备是可以克敌制胜的。毛奇将军的行为，值得每个青年人效仿。

在战争爆发之前的13年，毛奇将军就已经着手筹划周密的作战计划了。全国的每个将官，甚至后备队中的每个军人都奉有种种训示，告诉他们作战时应采取的动作和要把握的时机。

全国的将帅，还都奉有各种关于军队调度、行军方略的密令。只要一接到动员令，可以立刻遵照行动，而且兵站也预先设置在位置最适当、交通最便利的地点，以免作战时运输不便。

毛奇将军对于所订下的作战计划，还常常加以变更、纠正。力求适合当时的情势，以备战事在任何时候发生都能指挥若定，应付自如。据说，1870年所执行的作战计划，早在1868年就订下了，而第一次计划的拟订，则远在1857年就已完成。所以战争一爆发，毛奇将军所指挥的德军，其行动就准确得分毫不差。

然而，法国的军事当局却一点儿准备都没有。

战事一开始，前线法军向后方发出的告急电报就纷至沓来。供给不足，驻军不便，军队无法联络，一切都混乱不堪。与德军作战，犹如螳臂当车，致使法国步步失算，处处落后。结果城下乞降，忍受常人无法忍受的奇耻大辱。

有多少人，因为在事业上没有做好充分准备，而导致一败涂地。他们以为自己的能力足以应付目前的事务就不做更充分的准备。他们不想再把地基掘得更深些、基础打得更牢些，他们也不想多储藏些能力，他们更不用远大的眼光去预测未来。

假如青年人真的盼望能得到丰盛的收获，他就必须要先耕耘土地，在播种的时节，则应撒播良好的种子。

假如你不在自己的生命中投入些什么，你就不能从你的生命中取出些什么，就像你没有把钱存进银行，就不能去银行取钱一样。所以，你要超越平庸，就要储备各方面的知识与技能，一旦时机成熟，你必能凭借着这些"武器"冲出平庸的囹圄。

9. 用你的所学去盘活人生

关于"学"与"思"的关系，人们在理论上大概都能认识到必须并重，但在实际中，很多人往往会偏废一方面。可见这不仅是态度问题，更是方法问题。"学"是求乎外，在于知物；"思"是求乎内，在于明理。这种外学和内省，在人的成长中应是相辅相成的事情，是同等重要的。

孔子说："只读书而不去思考，就会犯糊涂而无所得；只顾思考而不去读书，则容易陷入空想而出现问题。"人的走路也如同学习，必须用两条腿，否则，轻则发生倾斜，重则寸步难行。古语又云"读书不见圣贤，如铅椠庸；讲学不尚躬行，如口头禅"。其意为，枉读诗书，却不能参透先贤的神髓，最后只能成为一个卖字先生；教书却不能身体力行，和一个只会念经却不懂佛理的和尚一般无二。

正所谓"全信书，不如无书"。固有知识是前人在探索世界以后，总结出的直接经验，对于我们而言，这是一种间接经验。学习和继承前人的成果，确实可以让我们少走很多弯路，但若想知识真正成为事业的推动器，我们就必须摒除只重理论，不注重实际运用的错误做法。

事实已经证明，科学上的进步、技术的革新、社会的发展，就是一个不断提出疑问，解决疑问的过程，即一个从无疑到有疑，从有疑到释疑的过程。现在的我们，若想折腾出一番模样，必须要学，但绝不能学"死"，要敢于提出质疑，要懂得触类旁通学以致用。反之，如若一味抱残守缺，拘泥于固有知识、经验，就不会有什么创见。

有这样一个故事：

有兄弟二人就读于同一所大学的市场营销专业，毕业后来到了同一家公司。

几年以后，公司老板提拔哥哥当了营销主管，弟弟感到很委屈，他觉得自己比哥哥更加守纪尽责，读书时成绩也比哥哥好，而公司却提拔了哥哥，难道是因为自己没有和领导搞好关系？

弟弟的想法完全被老板看在眼里。一天上午，他不动声色地将弟弟叫到办公室，指示他去一家市场调查白菜的行情，然后回来向他报告。

弟弟来到市场以后，看到那里只有两个摊位，且卖的都是鸡蛋。于是，他返回公司向老板报告："市场上不卖白菜，只有两个卖鸡蛋的摊位，所以我无法了解白菜的行情。"

老板听后让弟弟暂且坐下，又叫来了哥哥，并指派了同样的任务。

哥哥走后，老板对弟弟说："看看你哥哥是怎么做的。"

一段时间以后，哥哥走进办公室："卖白菜的人已经走了，经过打听得知，今天的白菜售价是每千克0.3元，销路很好；现在市场上只有两个卖鸡蛋的，价格为每千克5元。据卖货人讲，近期鸡蛋货源非常充足，如果想大量购买，价格还可以降低。如果您想要进一步的资料，我可以把卖鸡蛋的人找来。"未等经理讲话，弟弟就已经羞愧地走出了办公室。

其实，这样的事例在生活中不胜枚举。例如，当城市人来到农村以后，很多人甚至分不清麦苗与韭菜。之所以会这样，是因为城市人只是在书本上见过麦苗与韭菜，却没有感性上的认识，而农村人因为接触多了，所以能分辨得一清二楚。

由此可见，在人生中求发展，在社会上求生存，光"学"是远远不够的。如果我们不能将学到的知识、经验进行加工整合，变成自己的东西，就永远都不可能得到真正的学问。这也是人类进步的一种要求。

《礼记》有言："博学之，审问之，慎思之，明辨之，笃行之。""学"是为了掌握一技之长，以此安身立命，谋求发展。"技"是死的，但人是活的，若不能把学来的"技"活用起来，只知固守陈规，到头来，只会成为别人眼中的笑话。

时代在发展，竞争形势愈演愈烈。想要折腾好，就必须在学有所长的基础上，懂得灵活变通，用你所掌握的知识、技能去盘活人生，创造最大的价值。否则，你就只能眼睁睁看着别人先己一步将成功抢在手中，只能眼睁睁看着自己在竞争中惨遭淘汰。

第十章
既然要成功，就不能怕失败

人的成长和成功，就像是炼钢。"炼"是一个过程，必须经历，能不能熬得住这种"炼"，直接决定你能不能成为"钢"。请记住，"自古雄才多磨难，从来纨绔少伟男"，一个人如果不经历必要的磨难，就会显得很脆弱，成功者站起来的次数永远比跌倒的次数多一次。成功有两个原则，第一个是：永不放弃；第二个是当你想放弃时回头看第一个。

1. 失败是走上更高地位的开始

人们遇到挫折时，会采取各种各样的态度。综合起来，无非是两种对待，一种是对挫折采取积极进取的态度，即理智的态度，这时的挫折激励人追求成功；另一种是采取消极防范的态度，即非理智的态度，这时的挫折使人放弃目标，甚至造成伤害。

失败有泪水，坚持有泪水，成功也有泪水，但是这些泪水都是不一样的，或苦，或涩，或甜。只有品尝过了苦涩的，才能尝到甘甜的。其实，每一次失败，都意味着下一个成功的开始；每一次的磨难带来考验，都会给我们带来一份收获；每一次流下的泪水，都有一次的醒悟；每一份坎坷，都有生命的财富；每一次折腾出来的伤痛，都是成长的支柱。人活着，不可能一帆风顺，想折腾就必然会经历一些挫折，而最终的结果，则取决于我们对待失败的态度。

美国人希拉斯·菲尔德先生退休的时候已经积攒了一大笔钱，足够过上富裕的日子。然而这时他又突发奇想，想在大西洋的海底铺设一条连接欧洲和美国的电缆。随后，他就全身心地开始推动这项事业。

菲尔德先生首先做了一些前期的基础性工作，包括建造一条

1000英里长，从纽约到纽芬兰圣约翰的电报线路。纽芬兰400英里长的电报线路要从人迹罕至的森林中穿过，再加上铺设跨越圣劳伦斯海峡的电缆，整个工程十分浩大。菲尔德使尽浑身解数，总算从英国得到了资助。随后，菲尔德的铺设工作就开始了。电缆一头搁在停泊于塞巴斯托波尔港的英国旗舰"阿伽门农"号上，另一头放在美国海军新造的豪华护卫舰"尼亚加拉"号上。没想到，就在电缆铺设到5英里的时候，它突然卷到了机器里面，被切断了。

第一次尝试失败了，菲尔德不甘心，又进行了第二次试验。试验中，在铺好200英里长的时候，电流中断了，船上的人们在甲板上焦急地踱来踱去，好像死神就要降临一样。就在菲尔德先生准备放弃这次试验时，电流又神奇地出现了，一如它神奇地消失一样。夜间，船以每小时4英里的速度缓缓航行，电缆的铺设也以每小时4英里的速度进行。这时，轮船突然发生了一次严重倾斜，制动闸紧急制动，电缆又被割断了。

但菲尔德并不是一个在失败面前容易低头的人。他又购买了700英里长的电缆，而且还聘请了一个专家，请他设计一台更好的机器。后来，在英美两国机械师的联手下才把机器赶制出来。最终，两艘军舰在大西洋上会合了，电缆也接上了头；随后，两艘船继续航行，一艘驶向爱尔兰，另一艘驶向纽芬兰。在此期间，又发生了许多次电缆被割断和电流中断的情况，两艘船最后不得不返回爱尔兰海岸。

在不断的失败面前，参与此事的很多人一个个都泄了气；公众舆论也对此流露出怀疑的态度；投资者也对这一项目失去了信心，不愿意再投资。这时候，菲尔德先生用他百折不挠的精神和他天才的说服力，使这一项目得以继续进行。菲尔德为此日夜操劳，甚至到了废寝忘食的地步。他决不甘心失败。

于是，尝试又开始了。这次总算一切顺利，全部电缆成功地铺设完毕且没有任何中断，几条消息也通过这条横跨大西洋的海底电缆发送了出去，一切似乎就要大功告成了。但就在举杯庆贺时，突然电流又中断了。这时候，除了菲尔德和一两个朋友外，几乎没有人不感到绝望的。但菲尔德始终抱有信心，正是由于这种毫不动摇的信心，使他们最终又找到了投资人，开始了新一轮的尝试。这一次终于取得了成功。菲尔德正是凭着这种不畏失败的精神，才最终取得了一项辉煌的成就。

很多成功的人在尝试之初难免要遭受一定的失败，这是毫无疑问的，毕竟世界上的事情都不可能是一帆风顺的。那么，同样是失败的尝试，为什么有的人最终成功了呢？原因很简单，那些成功的人在尝试失败之后挺住了，挺住了失败带给他们的苦难，所以最终才能品尝到成功的甘甜，才能感悟到成功带给他们的喜悦泪水。

"失败，是走上更高地位的开始。"许多人所以获得最后的胜利，只是受恩于他们对待失败的态度。对于没有遇见过大失败的人，有时他反而不知道什么是大胜利。

2. 痛苦的时候，正是成长的时候

我们深有体会，这个世界上，不是所有的事情都能令人满意，一些必要的挫折会帮助我们长大，痛苦是成长的必然经历，经历过痛苦的蜕变我们的人生才会更加绚丽。

无论你多么不愿意，人生之路就摆在那里，布满了坎坷和荆棘，生活的味道必然酸甜苦辣一应俱全，这一切都需要你去跨越，我们每越过一条沟坎就是一种人生，所经历的挫折、磨难、困惑就是人生的过程。人生百味，缺少哪一种味道都不完整，每一种味道我们都要亲自去品尝，没人可以替代。

其实人生的苦味甚至更多过甜味，一个人的降生便是从痛苦开始，而一个人生命的结束，多少也带着些许痛苦。人这一生，就是不断与痛苦抗争的过程，人生的意义，就在于从与痛苦的抗争中寻找快乐。

不过客观地说，现代人的确活得挺累，快乐也不那么容易把握，但这种状况谁又能够改变？所以是痛苦还是快乐，全在你心的裁决，再重的担子，笑着也是挑，哭着也是挑，再不顺的生活，微笑着撑过去了，就是胜利。承受，不靠身体，而靠心力。人生何时承受不起，便开始输了。

曾看到这样一则故事：

有个人凑巧看到树上有一只茧开始活动，好像有蛾要从里面破茧而出，于是他饶有兴趣地准备见识一下由蛹变蛾的过程。

但随着时间的一点点过去，他变得不耐烦了，只见蛾在茧里奋力挣扎，将茧扭来扭去的，但却一直不能挣脱茧的束缚，似乎是再也不可能破茧而出了。

最后，他的耐心用尽，就用一把小剪刀，把茧上的丝剪了一个小洞，让蛾出来可以容易一些。果然，不一会儿，蛾就从茧里很容易地爬了出来，但是它身体非常臃肿，翅膀也异常萎缩，耷拉在两边伸展不起来。

他等着蛾飞起来，但那只蛾却只是跌跌撞撞地爬着，怎么也飞不起来，又过了一会儿，它就死了。

飞蛾在由蛹变茧时，翅膀萎缩，十分柔软；在破茧而出时，必须要经过一番痛苦的挣扎，身体中的体液才能流到翅膀上去，翅膀才能充实有力，才能支持它在空中飞翔。其实它痛苦的时候，也正是成长的时候，只是被那个无知的人无情地剥夺，造成了生命的脆弱。其实我们的人生也是如此，任何一种生存技能的锤炼，都需要经历一个艰苦的过程，任何妄图投机取巧减少努力的行为都是缺乏短见的，人世之事，瓜熟才能蒂落，水到才能渠成，与飞蛾一样，人的成长必须经历痛苦挣扎，直到双翅强壮后，才可以振翅高飞。

现在你看到了，人生可不是那么容易，总要经历各种各样的磨难和逼迫或者诱惑，不过怎样？它们终究杀不了你，反倒会使你变得更强，所以感谢给你苦难的一切吧，感激我们的失去与获得，学会理智，学会释怀，不要消沉于痛苦之中不能自拔，更不能让你爱的人和爱你的人为你担心，因你痛苦。痛苦不过是成长中必然经历的一个过程，如果你没有走出痛苦，那是因为你还没有成熟。

其实翻看一下成功人物的奋斗史你就会发现，每一个优秀的人，都有一段沉默的时光。那一段时光，付出了多少努力，忍受了多少孤寂，可不曾抱怨、不曾诉苦，个中心酸只有他们自己知道，可当日后说起时，甚至他们自己都会为之感动。透过这些你便会懂得，成长的过程，必然要伴随着一些阵痛，这是高大和健壮的前奏，在这个过程中，或者经历过一些挫折或者百转千回又或者惊心动魄，最终总会让你明白事实上——所有的锻炼不过是再次呈现，我们还没学会的功课。所以说，我们要学着与痛苦共舞，这样我们才能看清造成痛苦来源的本质，明白内在真相。更重要的是，它能让我们学到该学的功课。

3. 如果要挖井，就一定要挖到水出为止

人的一生，是需要用成功来支撑的，可是只有少数人是成功的幸运儿。人们往往虔诚而又谦卑地讨教成功的经验，当知道主要的答案是"坚持"二字时，好多人都叹息自己当初为什么没有坚持

呢。譬如，挖掘一口水井，挖了99%，还没有发现泉水，于是自己就放弃了，那么过去的努力也白费了。

古希腊大哲学家苏格拉底，有一天对学生说："今天，我们只学习一件最简单的事，也是最容易做的事，那就是把你们的手臂尽量往前甩，再尽量往后甩。"在自己示范了一遍以后说："是不是很简单？但是，从现在开始，大家每天都做300次。"学生们感到这个问题太可笑了，纷纷猜测老师下一步到底要干什么，见他没有其他目的后，就马上连声回答："能、能！"一个月后，苏格拉底问："哪些同学坚持做了？"这时有90%以上的学生骄傲地举起了手。两个月后，当他再次发问，能够坚持下来的只有80%。到一年后，他再次问道："还有哪些同学坚持每天做？"教室里只有一个同学举起了手。举手的人就是后来成为古希腊大哲学家的柏拉图。

我们都知道，万事开头难。的确，好的开始等于成功了一半。但是，行动最重要的还在于持之以恒，不能开始了一点点，虎头蛇尾就完了，半途而废的人最终不会做成任何事情。

一件事从头到尾，也许过程并不会非常顺利，可能其间会遇到一些困难、挫折，也许由于你个人的原因导致事情被耽搁、被延误。这时候，你是打算继续回来把它做下去，还是做到哪里算哪里，就这么算了呢？

其实很多时候，很多的人总是在做下去还是放弃之间摇摆不定。一件小事，可能就会成为横亘在我们面前的艰难抉择。

下面是从一个企业老板的自传中节选的一段话：

"三年前，我怀揣梦想只身来到这个人海茫茫的大都市，想开创一份能够给我带来激情的事业，但是因为缺乏经验，缺乏独当一面的能力，我在相当长的时间内仅仅是做着距我的理想很遥远的工作，而且是那种仅仅为了解决温饱而做的工作。我曾经非常沮丧灰心，甚至焦虑得整晚睡不着觉，不知道自己在这里孤身一人，饱尝孤独和艰辛是为了什么，不知道这种坚持值不值得。'放弃'这个词无数次出现在我的脑海里，一次次削弱我的斗志。这样的思想斗争现在看起来不算什么，可是在当时的确算得上是艰苦卓绝，从不断地怀疑自己到渐渐地树立起自信，这个过程是非常痛苦的。还好，我没有灰心，终于走了过来，坚持了下来，并真正找到了自己的价值。"

其实，很多事情，只要往前跨一步就是成功，关键就在于你肯不肯坚持这关键的一步。摆在我们人生面前的路总是很多条的，如果你选择了一条你认为正确并有兴趣走下去的路，那么，无论这条道路是荆棘还是泥泞，你都应该义无反顾地走下去，这就是坚持的精神。

我们很难想象那些总是半途而废的人能做成什么事情，因为他们每一次都草草地开始，又都匆匆地结束，目标摇摆不定，三心二意，今天觉得这个好，明天又觉得那个好，三天打鱼，两天晒网，最后兜了一圈回来，自己还在原来的地方一事无成。

当然，持之以恒、善始善终并不是想做就能做到的，它需要你有着足够的忍耐力和意志力，并且对自己的工作和事业充满热情。那些成功的人大多都有一个共同的特点，即坚韧不拔，意志刚强，不达目的决不罢休。

对自己的工作充满热情的人，不论有多少困难，或需要多大的精力，都会始终如一地用不急不躁的态度去进行。而事实的确正如他们所料，坚持了，瓜熟蒂落，水到渠成，收获就自然来了。

谁能够坚持到最后，谁就是最大的赢家。一般来说，笑到最后的人，也是笑得最开心的人。因为坚持，他得到了他想要的人生。

成功是一条铺满荆棘的漫长道路，只有坚持走下去，才能到达彼岸。如果你有半途而废的习惯，你只能一无所获，无功而返，先前再多的努力都会因你一时的放弃而毁于一旦。我们都知道市场竞争常常是耐久力的较量，有恒心和毅力的人往往是笑在最后、笑得最好的胜利者。半途而废的人是不会拥有财富的，因此，如果你要挖井，就一定要挖到水出为止。

4. 坚韧不拔是成功者的特质

每个人的成功都与他坚持不懈的努力分不开。高智商不是成功的唯一条件，有毅力才是！有创造力的人不一定是最聪明、最具有高等学历的人，却是最能吃苦，坚韧不拔的人。坚韧不拔是所有成功人的特质。

1995年，倮贵祥才是个二十几岁的小青年，在此之前他做过豆腐和卖过成衣,直到有一天,他和朋友到他表哥家看见了朋友的表哥培育小鸡,觉得是一条不可多得的致富道路。回去就琢磨起怎么让朋友的表哥把技术传授给自己。在他朋友的帮助下,朋友的表哥被他的真诚所感动了,就决定将技术传授给他,半年之后,他就自己搞了个简易的孵化棚,第二批小鸡出售后他就还清了所有的债务。一年之后,他摘掉了贫穷的帽子,在村头立起了第一家贴满陶瓷的小洋楼。几年后他的资产一直往上飙,成了镇上的首富,成了先进代表的企业家。风光没多久,一次红白病中,鸡全部倒下了,亏了100多万。为了加强技术管理,倮贵祥看了很多关于养鸡的书籍,可不知怎的,尽管他的技术提高了,可鸡就好像是跟其作对似的,健健康康的鸡整天就像是没吃饱没喝足似的无精打采。专业人士也找不出原因。看见孵化鸡的大势已过,他又办起了养猪场,辛辛苦苦地养了大半年,就在准备出栏的那个月却因痢疾30头肥肥胖胖的猪就死了22头,剩下的8只只能亏本销售。

在媳妇的建议下,改种玉米。优质的玉米虽然销量很好,可劳力大,而收入不高,所以他决定另找出路。后来,他觉得收废品是不错的生意,就进入收废行列,几年下来就达到了千万身价。

成功不但要有毅力,最重要的是心理的承受能力。想成功,聪明的头脑很重要;正确的判断很重要;是否拥有高的情商很重要;但坚韧不拔的毅力、学力以及优良的品质更为重要。

蓝赞也是这样有惊人耐力的人。他先是做画眉鸟生意,卖的第一只画眉鸟,就为他赚了40万元人民币,可后来运到台湾的二十几只画眉鸟，一只也没卖出去。此后又在贵州投资开了个专卖台湾服装的小店，衣服虽然漂亮，但由于价格方面人们接受不起，结果亏本结业。老婆没有工作能力，女儿也不断长大，在种种压力下，蓝先生决定不成功就不回家。他冲破了阻力把自己的祖屋卖了，盘下一大楼做德克士快餐，开业当天营业额竟然超过10万元人民币，一个月的营业额就达到300万元人民币。他趁热打铁，先后在贵州、遵义、六盘水等地开了十几家德克士，不到两年的时间里基本赚得上亿资产。

在困境中坚持不懈是逆商的精华所在。这种坚持的力量是一种即使面临失败、挫折仍然继续努力的能力。我们常常能够观察到，正确对待逆境的销售人员、军人、学生和运动员能从失败中恢复并继续坚持前进，而当遇到逆境时不能正确对待的人（低AQ者）则常常会轻易放弃。然而，成功从来都不是一蹴而就的，它经常要使当事人经过千锤百炼，饱经风霜，或许只有如此人们才能真正的体会成功的喜悦。

永不放弃是一种力量。在人生的旅程中，这种力量不仅体现在对事业的追求，而且同样体现在对一种精神的追求上。在很多情况下，这种追求甚至比知识的力量更强大。如果不坚持，到哪里都是放弃。如果不坚持，不管再到哪里，身后总有一步可退，可退一步不会海阔天空，只是躲进自己的世界而已，而那个世界也只会越来越小。

5. 永不言败才能不败

任何希望成功的人必须有永不言败的决心，并找到战胜失败、继续前进的法宝。不然，失败必然导致失望，而失望就会使人一蹶不振。

艾柯卡曾任职世界汽车行业的领头羊——福特公司。由于其卓越的经营才能，自己的地位节节高升，直至做到福特公司的总裁。

然而，就在他的事业如日中天的时候，福特公司的老板——福特二世却出人意料地解除了艾柯卡的职务，原因很简单，因为艾柯卡在福特公司的声望和地位已经超越了福特二世，所以他担心自己的公司有朝一日会改姓为"艾柯卡"。

此时的艾柯卡可谓是步入了人生的低谷，他坐在不足十平方米的小办公室里思索良久，终于毅然而果断地下了决心：离开福特公司。

在离开福特公司之后，有很多家世界著名企业的头目都曾拜访过他，希望他能重新出山，但都被艾柯卡婉言谢绝了。因为他心中有了一个目标，那就是"从哪里跌倒的，就要从哪里爬起来"！

他最终选择了美国第三大汽车公司——克莱斯勒公司，这不仅因为克莱斯勒公司的老板曾经"三顾茅庐"，更重要的原因是此时的克莱斯勒已是千疮百孔，濒临倒闭。他要向福特二世和所有人证明：我艾柯卡不是一个失败者！

入主克莱斯勒之后的艾柯卡，进行了大刀阔斧的整顿和改革，终于带领克莱斯勒走出了破产的边缘。艾柯卡拯救克莱斯勒已经成为一个著名的商业案例。

如果你的内心认为自己失败了，那你就永远地失败了。诺尔曼·文森特·皮尔说："确信自己被打败了，而且长时间有这种失败感，那失败可能变成事实。"而如果你不承认失败，只是认为是人生一时的挫折，那你就会有成功的一天。

有些人之所以害怕失败，是因为他们害怕失去自信心，其结果他们试图将自己置于万无一失的位置。不幸的是，这种态度也把他们困在一个不可能做出什么杰出成就的位置。

还有的人惧怕失败，是因为他们害怕失去第二次机会。在他们看来，万一失败了，就再也得不到第二个争取成功的机会了。如果这些人都知道，多少著名的成功人士开头都曾失败过，就会给他们增添希望。亨利·福特就曾说过："失败不过是一个更明智的重新开始的机会。"福特本人也有过失败的直接体验。他头两次涉足汽车工业时，以破产失败而告终，但第三次他成功了。福特汽车公司至今仍然充满活力，仍是世界最大汽车生产厂家之一。

要测验一个人的品格，最好是看他失败以后怎样行动。失败以后，能否激发他的更多的计谋与新的智慧？能否激发他潜在的力量？是增加了他的决断力，还是使他心灰意冷呢？

失败是对一个人人格的试验，在一个人除了自己的生命以外，一切都已丧失的情况下，内在的力量到底还有多少？没有勇气继续奋斗的人，自认挫败的人，那么他所有的能力，便会全部消失。而只有毫无畏惧、勇往直前、永不放弃人生责任的人，才会在自己的生命里有伟大的进展。

有人或许要说，已经失败多次了，所以再试也是徒劳无益，这种想法真是太自暴自弃了！对意志永不屈服的人，就没有所谓失败。无论成功是多么遥远，失败的次数是多么的多，最后的胜利仍然在他的期待之中。世界上有无数人，虽然已经丧失了他们所拥有的一切东西，然而还不能把他们叫作失败者，因为他们仍然有永不屈服的意志，有着一种坚韧不拔的精神。

世间真正伟大的人，对于世间所谓的种种成败，并不介意，所谓"不以物喜，不以己悲"。这种人无论面对多么大的失望，绝不失去镇静，这样的人终能获得最后的胜利。在狂风暴雨的袭击中，心灵脆弱的人们唯有束手待毙，但这些人的自信精神、镇静气概，却依然存在，而这种精神使得他们能够克服一切坏的境遇，去获得成功。

6. 跌倒了就爬起来

伟大高贵人物最明显的标识，就是他坚定的意志，不管环境变化到何种地步，他的初衷与希望，仍然不会有丝毫的改变，而终至克服障碍，以达到所企望的目的。跌倒了再站起来，在失败中求胜利。这是那些成功者的成功秘诀。

有人问一个孩子，他是怎样学会溜冰的？那孩子回答道："哦，跌倒了爬起来，爬起来再跌倒，就学会了。"使得个人成功，使得军队胜利的，实际上就是这样的一种精神。跌倒不算失败，跌倒了站不起来，才是失败。

拳击赛场上，拳击手在倒地的一瞬间，满目都是观众的嘲笑，满心都是失败的耻辱，他趴在那里，头晕眼花，根本不想再动弹。裁判不停地数着1、2、3、4……但是，倘若还有一丝力气，不等裁判数完，他一定会站起来，拍拍身上的灰尘，振作疲惫的精神，重新投入到战斗之中。这是拳击运动员的职业精神，没有这种精神，实力再强悍，也成不了合格的运动员。

其实，人生有时真的就像一场拳击赛。在人生的赛场上，当我们被突如其来的"灾难"击倒之时，有些灰心、有些丧气也实属正常，我们或许也躺在那里一度不想动弹，是的，我们需要时间恢复神智和心力。但只要恢复了，哪怕是稍稍恢复了，我们就应该爬起来，即便有可能再次被击倒，也要义无反顾地爬起来，纵然会被击倒100次，也要爬起来。因为不爬起来，我们就永远输了；再爬起来，就还有转败为胜的希望。

玛格丽特·米切尔是世界著名作家，她的名著《乱世佳人》享誉世界。但是，这位写出旷世之作的女作家的创作生涯并非像我们想象的那样平坦，相反，她的创作生涯可以说是坎坷曲折。玛格丽特·米切尔靠写作为生，没有其他任何收入，生活十分艰辛。最初，出版社根本不愿为她出版书稿，为此，她在很长一段时间里不得不为了生活而操心忧虑。但是，玛格丽特·米切尔并没有退缩。她说："尽管那个时期我很苦闷，也曾想过放弃，但是，我时常对自己说：'为什么他们不出版我的作品呢？一定是我的作品不好，所以我一定要写出更好的作品。'"

经过多年的努力，《乱世佳人》问世了，玛格丽特·米切尔为此热泪盈眶。她在接受记者采访时说："在出版《乱世佳人》之前，我曾收到各个出版社一千多封退稿信，但是，我并不气馁。退稿信的意义不在于说我的作品无法出版，而是说明我的作品还不够好，这是叫我提高能力的信号。所以，我比以前任何时候都努力，终于写出了《乱世佳人》。"

其实生活就是一面镜子，你对着它哭，它也对你哭；你对着它笑，它也对你笑。跌倒了，我们只要能够爬起来，就谈不上失败，坚持下去，就有可能成功。人这一生，不能因为命运怪诞而俯首听命，任凭它的摆布。等年老的时候，回首往事，我们就会发觉，命运只有一半在上天的手里，而另一半则由自己掌握，而我们要做的就是——运用手里所拥有的去获取上天所掌握的。我们的努力越超常，手里掌握的那一半就越庞大，获得的也就越丰硕。相反，如果我们把眼光拘泥在挫折的痛感之上，就很难再有心思为下一步做打算，那么我们的精神倒了，可能真的就再也爬不起来了。

心态是横在人生之路上的双向门，我们可以把它转到一边，进入成功；也可以把它转到另一边，进入失败。你选择了正面，就能乐观自信地舒展眉头，迎接一切；选择了背面，就只能是眉头紧锁，郁郁寡欢，最终成为人生的失败者。

毫无疑问，跌倒了站起来，这是勇士；跌倒了就趴着，这就是懦夫！如果我们放弃了站起来的机会，就那样萎靡地坐在地上，不会有人上前去搀扶你。相反，你只会招来别人的鄙夷和唾弃。要知道，如果你愿意趴着，别人是拉不起你的，即便是拉起来，你早晚还会趴下去。人其实不怕跌倒，就怕一跌不起，这也是成功者与失败者的区别所在。在这个世界上，最不值得同情的人就是被失败打垮的人，一个否定自己的人又有什么资格要求别人去肯定？自我放弃的人是这个世界上最可怜的人，因为他们的内心一直被自轻自贱的毒蛇噬咬，不仅丢失了心灵的新鲜血液，而且丧失了拼搏的勇气，更可悲的是，他们的心中已经被注入了厌世和绝望的毒液，乃至原本健康的心灵逐渐枯萎……

所以，如果还想要人生有点色彩，就不要轻易下结论否定自己，不要怯于接受挑战，只要开始行动，就不会太晚；只要去做，就总有成功的可能。世上能打败我们的，其实只有我们自己，成功的门一直虚掩着，除非我们认为自己不能成功，它才会关闭，而只要我们觉得还有可能，那么一切就皆有可能。

7. 有一线希望也要奋力一跃

不要怨天怨地地活着，谁都不喜欢那样的人。就算一不小心你被人算计；即使一不留神你就快要破产；哪怕一不留心家庭破碎了；纵使一不理性悲剧发生了……我们的生活还得继续，人生原本就是这样，要爬过一座座山，迈过一道道的坎儿，拐过一道道弯，假如我们的心怂了，翻不过山、迈不过坎儿、转不过弯，每天就只会为自己的遭遇悲悲戚戚，那么就会陷入人生的枯井，再也跳不出来。

那是你精神上的枯井，没有人能够帮你。

有一头倔强的驴，有一天，这头驴一不小心掉进一口枯井里，无论如何也爬不上来。它的主人很着急，用尽各种方法去救它，可是都失败了。10多个小时过去了，它的主人束手无策，驴则在井里痛苦地哀号着。最后，主人决定放弃救援。

不过驴主人觉得这口井得填起来，以免日后再有其他动物甚至是人发生类似危险。于是，他请来左邻右舍，让大家帮忙把井中的驴子埋了，也正好可以解除驴的痛苦。于是大家开始动手将泥土铲进枯井中。这头驴似乎意识到了接下来要发生的事情，它开始大声悲鸣，不过，很快地，它就平静了下来。驴主人听不到声音，感觉很奇怪，他探头向下看去，井中的景象把他和他的老伙伴都惊呆了——那头驴子正将落在它身上的泥土抖落一旁，然后站到泥土上面升高自己。就这样，填坑运动继续进行着，泥土越堆越高，这头驴很快升到了井口，只见它用力一跳，就落到了地面上，在大家赞许的目光下，高兴地跑去找它的驴妹妹去了。

如果你陷入精神的枯井中，就会有各种各样的"泥土"倾倒在你身上，假如你不能将它们抖落并踩在脚底，你将面临被活埋的境地。不要在苦难中哀号，就像参加自己的葬礼一样，如果你还想绝处逢生，就要想方设法让自己从"枯井"中升出来，让那些倒在我们身上的泥土成为成功的垫脚石，而不是我们的坟墓。

逆境，不等于就是绝境，更何况还能"置之死地而后生"。是生是死，是继续折腾还是就此萎靡，一切都取决于我们自己，如果能直面人生的惨淡，敢于正视鲜血的淋漓，追求理想一往无前，所有的一切都不过是一场挫折游戏。

不要习惯性地将自己的不幸归咎于外界因素，不管外部的环境如何，怎么活——那还是取决于你自己。不要总是像祥林嫂一样反复地问自己那个无聊的问题："怎么会，为什么……"这样的自怨自艾就是在给自己的伤口撒盐，它非但帮不了你，反而会让自己觉得命运非常悲惨，那种沉浸在痛苦中的自我怜悯，对你没有任何好处。

人不能陷在痛苦、烦恼的枯井中不能自拔，哪怕就只剩一成跳出去的可能，我们也要奋力一跃。或许就那么一跃，我们就可以逃出生天。记住，痛苦和困难杀不了你，能让你半死不活的，只有你的心。

8. 世间最难的事是坚持

忍耐痛苦比寻死更需要勇气。在绝望中多坚持一下，终必带来喜悦。上帝不会给你不能承受的痛苦，所有的苦都可以忍耐，事实

第十章 既然要成功，就不能怕失败

上，一个人只要具备了坚忍的品质，便可以苦中取乐，若懂得苦中取乐，则必然会苦尽甘来。

在自然界，有什么东西会比石头还硬，又有什么东西会比水还软？然而，软水却可以穿石，因为坚持。或许，我们一路走来荆棘遍布；或许，我们的前途山重水复；或许，我们一直孤立无助；或许，我们高贵的灵魂暂时找不到寄宿……那么，是不是我们就要放弃自己？不！我们为什么不可以拿出勇者的气魄，坚定而自信地对自己说一声"再试一次"！再试一次，结果也许就大不一样。

几年前，35岁的普林斯因公司裁员，失去了工作。从此，一家人的生活全靠他打零工挣钱来维持，经常是吃了上顿没下顿，有时甚至一天连一顿饱饭也吃不上。为了找到工作，普林斯一边外出打工，一边到处求职，但所到之处都以没有空缺职位为由，将其拒之门外。然而，普林斯并不因此而灰心。他看中了离家不远的一家名为底特律的建筑公司，于是给公司老板寄去了第一封求职信。信中他并没有将自己吹嘘得如何有才干，也没有提出任何要求。只简单地写了这样一句话："请给我一份工作。"

这家建筑公司的老板约翰逊在收到这封求职信后，让手下人回信告诉普林斯，"公司没有空缺"。但是他仍不死心，又给这家公司老板写了第二封求职信。这次他还是没有吹嘘自己，只是在第一封信的基础上多加了一个"请"字："请请给我一份工作。"此后，普林斯一天给公司写两封求职信，每封信的内容都一样，只是在信的开头比前一封信多加一个"请"字。

3年间，普林斯一共写了2500封信。这最后一封信有2500个

"请"字，接着还是"给我一份工作"这句话。见到第2500封求职信时，公司老板约翰逊再也沉不住气了，亲笔给他回信："请即刻来公司面试。"

面试时，公司老板约翰逊愉快地告诉普林斯，公司里有项很适合他的工作：处理邮件。因为他很有写信的耐心。

当地电视台的一位记者获知此事后，专程登门对普林斯进行了采访，问他：为什么每封信都只比上一封信多增加一个"请"字？

普林斯平静地回答："这很正常，因为我没有打字机，只能用手写。每次多加一个'请'字，是想让他们知道这些信没有一封是复制的。"

这位记者还问公司老板，为什么录用了普林斯？

老板约翰逊不无幽默地回答："当你看到一封信上有2500个'请'字时，你能不受感动？"

如果是你，你会不会这样做？也许不会，那你或许就要与成功失之交臂了。

所以当我们遇到挫折时，请给自己一个信念：马上行动，坚持到底！成功者绝不放弃，放弃者绝不会成功！我们要坚持到底，因为我们不是为了失败才来到这个世界的！所以当你打算放弃梦想时，告诉自己再多撑一天、一个星期、一个月，再多撑一年，你会发现，拒绝退场的结果往往令人惊讶。

其实，这世间最容易的事是坚持，最难的事也是坚持。说它最容易，是因为只要愿意做，人人都能做到；说它最难，是因为真正能做到的，终究是极少数的人。但只要你愿意再试一次，你就有可能达到成功的彼岸!

这做人的道理,就好比堆土为山,只要坚持下去,终归有成功的一天。否则,眼看还差一筐土就堆成了,可是到了这时,你却歇了下来,一退而不可收拾,也就会功亏一篑,没有任何成果。所以说,只有勤奋上进,不畏艰辛,一往无前,才是向成功接近的最好途径。

9. 生命不止,奋斗不息

既然选择了折腾,我们就都想着折腾成功,而成功与否往往就在于,当目标确立以后,是不是可以百折不挠地去坚持、去忍耐,直至胜利为止。

其实,生活的现实对于我们每个人本来都是一样的,但一经各人不同"心态"的诠释以后,便代表了不同的意义,因而形成了不同的事实、环境和世界。心态改变,事实就会改变;心中是什么,世界就是什么。心里装着哀愁,眼里看到的就全是黑暗;心里装着信念、装着坚忍,你的世界也会随之刚强起来。

挫折,我们难以避免,这是毫无疑问的事情。而在失败重重打击之下,最简单、最合乎逻辑的做法就是放手不干,不再折腾——大多数人都是这样想的,也是这样做的。这,给我们带来了什么?——我们可能已经通过一些努力折腾到了今天这个程度,但不幸的是,恰恰是由于某个逆境,我们的心软弱了,我们放弃了努力，我们停止了折腾。于是，我们之前的一切辛苦统统付诸东流……成功最怕的就是这个！如果说一个人每每树立一个目标，又每每只做一点点，每每遇到哪怕是一丁点的挫折，就打退堂鼓，那么终其一生这个人也难以登上大雅之堂。

所以，坚持很重要，一个人无论想做成什么事，坚持都是必不可少的，坚持下去，才有成功的可能。说起来，我们坚持一次或许并不难，难的是一如既往地坚持下去，直到最后获得成功。但是，如果我们这样做了，恐怕就没有什么事情能够难倒我们了。

多年以前，富有创造精神的工程师约翰·罗布林雄心勃勃地想要着手建造一座横跨曼哈顿和布鲁克林的桥。然而桥梁专家们却说这计划纯属天方夜谭，不如趁早放弃。罗布林的儿子华盛顿，是一个很有前途的工程师，也确信这座大桥可以建成。父子俩克服了种种困难，在构思着建桥方案的同时也说服了银行家们投资该项目。

然而桥开工仅几个月，施工现场就发生了灾难性的事故。罗布林在事故中不幸身亡，华盛顿的大脑也严重受伤。许多人都以为这项工程因此会泡汤，因为只有罗布林父子才知道如何把这座大桥建成。

尽管华盛顿丧失了活动和说话的能力，但他的思维还同以往一样敏锐，他决心要把父子俩费了很多心血的大桥建成。一天，他脑中忽然一闪，想出一种用他唯一能动的一个手指和别人交流的方式。他用那只手指敲击他妻子的手臂，通过这种密码方式由妻子把他的设计意图转达给仍在建桥的工程师们。整整13年，华盛顿就这样用一根手指指挥工程，直到雄伟壮观的布鲁克林大桥最终落成。

当你想要停止折腾时，不妨想想这个故事，只要愿意坚持，也许阳光就在转弯的不远处，如果此刻放弃，我们将永远看不到成功的希望。

所谓"开弓没有回头箭"，箭镞一旦射出，必然有去无回。人生亦应如此，迈出脚步以后，若发现路上设有障碍，不妨绕过去或是另辟蹊径，但绝对不能后退到原点，这是我们做人必须奉行的一种坚持！所以，别让外在力量影响你的行动，虽然你必须对压力做出反应，但你同样必须每天以既定方针为基础向前迈进。用你对成功的想象来滋养你的强烈的欲望，让你的欲望热情燃烧，最好能烧到你的屁股，随时提醒你不可在应该起来而行动时，仍然坐待机会。

联想到我们日常的工作和生活，遇到失意或悲伤的事情时，我们一样要学会调整自己的心态。如果你的演讲、你的考试和你的愿望没有获得成功；如果你曾经因为鲁莽而犯过错误；如果你曾经尴尬；如果你曾经失足；如果你被训斥和谩骂……那么请不要耿耿于怀。对这些事念念不忘，不但于事无补，还会占据你的快乐时光。抛弃它吧！把它们彻底赶出你的心灵。如果你的声誉遭到了毁坏，不要以为你永远得不到清白，怀着坚定的信念勇敢地折腾下去吧！